SmartHome für alle

Günther Ohland

SmartHome für alle

Wissenswertes und Anleitungen
zur Nutzung smarter Technologien
in Wohnung, Eigenheim und Büro

Bibliografische Information der Deutschen Nationalbibliothek:

Die Deutsche Nationalbibliothek verzeichnet diese Publikation in der Deutschen Nationalbibliografie; detaillierte bibliografische Daten sind im Internet über http://dnb.d-nb.de abrufbar.

© 2012 Günther Ohland

Trademarks und Warenzeichen gehören ihren Eigentümern.

Herstellung & Verlag: BoD™ – Books on Demand, Norderstedt

Printed in Germany

ISBN: 978-3-848200320

Vorwort

Energie-Effizienz, Komfort und Sicherheit sind die drei Schlagworte, die das intelligent vernetzte Haus, das SmartHome, ausmachen. Dieses Buch ist für alle diejenigen gedacht, die mit dem Gedanken spielen, neu zu bauen, zu modernisieren oder ihr Objekt smart nachzurüsten. Es richtet sich gleichermaßen an Häuslebauer, Modernisierer, Mieter und die Wohnungswirtschaft. Doch auch Architekten, Planer und Handwerker gewinnen sicherlich viele neue Erkenntnisse.

Neben der verständlichen Erklärung aller relevanten Aspekte finden sich hier Tipps aus der Praxis, die einfach auf die eigenen Bedürfnisse übertragbar sind. Auf Fach-Chinesisch wurde so weit als möglich verzichtet. Abgerundet wird das Buch durch Produktempfehlungen und eine Anbieterliste.

Nach dieser Vorlage kann jeder entscheiden, was ihm ein SmartHome bringt, ob er selbst in einem intelligent vernetzten Haus wohnen möchte und wie er es zusammen mit dem Handwerk oder in Eigenleistung realisiert.

Ich habe nicht versucht, das Gesamtangebot an SmartHome Systemen darzustellen oder besonders ausgewogen zu berichten. Vielmehr ist es mein Ziel, mit diesem Buch eigene Erfahrungen aus vielen Projekten und meinem eigenen SmartHome weiterzugeben.

Günther Ohland

Inhaltsverzeichnis

Vorwort 5

Die Idee des SmartHome 11

Checklist - Wie smart ist Ihr Heim? 15

Das IP-Netzwerk 19

Zugang zum IP-Netzwerk Internet 22

    DSL 23

    Internet per Kabel-TV 25

    UMTS /HSDPA 26

    Long Term Evolution - LTE 27

    Sky-DSL 28

Was lässt sich vernetzen 30

    Der Klassiker - elektrische Verbraucher 31

    Computer- und Nachrichtentechnik 31

    Auch das geht - Unterhaltungselektronik 32

    Noch recht selten, aber mit Sparpotenzial - Haushaltsgeräte .. 32

    Künftig immer wichtiger - Heim- und Telemedizinische Geräte 32

Vernetzung elektrischer Verbraucher 33

    SPS als SmartHome-Steuerung 34

    KNX / EIB 35

    Local Control Network - LCN 37

    Enocean 39

        Vorteile auf einen Blick 40

IP-Vernetzung / Lokales Netzwerk 42

   Strukturierte Verkabelung - Kupferkabel 43

   Wireless LAN - WLAN 47

   Polymere Optical Fiber - POF 48

   PowerLine Communication - PLC 50

Hausrechner 53

   Eigenschaften und Schnittstellen... 54

      Schnittstellen 56

      Lokales Netzwerk 56

      Serielle Kommunikation 57

      Betriebssystem 59

   Anwendungssoftware 60

      BSC-BoSe 60

      myHomeControl 62

      RWE-SmartHome 64

      IP-Symcon 66

TV-Netzwerk 68

   Kabel und SAT 70

   Internet-TV 70

   TV-Verkabelung 71

   Skype per TV 72

Telefonie 73

   ISDN 74

   Analoge Telefonie 74

   VoIP 75

Heizung, Lüftung, Klima, Energie 78

    Einzelraumregelung 79

    Die Technik 79

    Fensterüberwachung 82

    Heizkesselsteuerung 83

    Alte Gebäude optimieren 84

    Mikro-BHKW 85

SmartMetering 86

    Photovoltaik, Windenergie und BHKW 89

    Sicherheit durch SmartMeter im SmartHome 89

    EE BUS 90

        Die Verbindung von Bestehendem und Neuem 90

        Im Verbund mit starken Partnern 91

        Bestandteil von E-Energy 91

        Ausblick 92

Die vernetzte Küche 94

    Miele@home 95

    Kühlen 96

    Spülen 97

    Waschen und trocknen 97

    Kochen 99

Security 101

    Abschreckung kann so aussehen: 102

    Einbindung von IP Kameras 103

        Wo speichert man Videos und Fotos? 106

Alarmierung per SMS und E-Mail	106
Zugangssysteme	107
Schlüssel	107
Chipkarten-und RFID Leser	109
Türöffnung per Handy	111
SmartHome Security Protokoll	111
Heim- und Telemedizin	113
Sinn und Zweck	113
Geräte	115
Vernetzung und Software	116
Domotik-Sensoren für medizinische Zwecke nutzen	118
Visualisierung	120
Zentralbildschirm	122
TV-Gerät	123
Fernsteuerung	124
Internet-Browser	124
App	124
Netzwerkplanung	128
230V Stromnetz	128
IP-Netzwerk	130
TV-Netzwerk	131
Musterlösungen	133
Neubau EFH	133
Umbau EFH	136
Heizung	137

Rollläden 138

Licht 140

Das Auto als Vergleich 141

Erfahrung 142

myHomeControl als Komfort-Steuerung 143

Software-Alarmanlage 144

Nachrüstung einer Mietwohnung.. 146

Elektroinstallation.. 146

IP-Netzwerk / LAN.. 146

Heizung 147

Licht 147

Bewegungsmelder 147

Beschattung 148

SmartHome Rechner und Visualisierung 149

Altersgerechtes Bauen und Wohnen....................................... 150

Anhang.. 152

  A Logik für das zeitabhängige Dimmen 152

  B Interessante Linkadressen 153

  C Lieferantennachweise.. 154

Software 154

Handwerker / Realisierer 156

Hersteller / Anbieter von Hardware 156

Die Idee des SmartHome

Unsere Autos werden immer komfortabler, sicherer und inzwischen sogar Energie effizienter. Wenn man die Entwicklung dieser drei Kriterien zwischen dem Automobil und einer Wohnung oder Haus vergleicht, wird man feststellen, beim Wohnen hat sich in den letzten Jahrzehnten fast nichts getan. Geht etwa im Flur das Licht an, wenn man die Haus- oder Wohnungstür öffnet? Gibt es zu Hause eine Zonen orientierte Klimatisierung? Wie steht es mit einem Soundsystem und zwölf Lautsprechern, die sogar automatisch leise geschaltet werden, wenn die Freisprecheinrichtung erkennt, dass ein Telefongespräch hereinkommt? Schließt das Haus automatisch elektrisch Fenster und Türen, wenn man sich mit dem Chip in der Tasche (Keyless-Go) von der Wohnung entfernt? Die Liste ließe sich noch lange fortführen. Würden Sie akzeptieren, wenn Ihr nächstes Auto diese Eigenschaften nicht mehr hätte? Man hat sich an den Komfort gewöhnt und will ihn nicht mehr missen. Warum verzichten wir in unserem Heim darauf?

Als vor etwa 15 Jahren der Begriff „SmartHome" geprägt wurde, umfasste er nur die Steuerung der Elektrotechnik in Wohnung und Eigenheim. Das war damals an sich schon revolutionär und überfordert sogar heute noch viele Handwerker und Architekten. Mit der Technik der so genannten Hausbussysteme kennen sich derzeit tatsächlich nur circa zehn Prozent der Elektrobetriebe aus. Umso schwieriger gestaltet sich der Anspruch, ein multimedial und intelligent vernetztes SmartHome zu planen und zu realisieren. Die moderne Unterhaltungselektronik nutzt inzwischen ebenso wie Hausgeräte, Sicherheitseinrichtungen, Telekommunikation und Informationstechnologie das standardisierte Internet-Protokoll (IP). Selbst Geräte der Heim- und Telemedizin kommunizieren über IP. Die bisherigen „Inseltechnologien" verschmelzen im modernen, vernetzten Heim zu neuen, sinnvollen und sogar preisgünstigeren Anwendungen. Soweit die Theorie.

Forschungsprojekte wie das Inhaus in Duisburg, Smarter Wohnen NRW in Hattingen oder FutureLife in Zug (CH) zeigten, dass ein vernetztes Heim tatsächlich realisiert werden kann, doch mit welchem Nutzen und mit welchem Aufwand? Erstmalig mit dem inzwischen wieder abgerissenen Telekom-Haus in Berlin und konsequent beim SmartHome-Paderborn wurden Serienprodukte aus dem Handel verwendet. Beide Projekte haben klar und deutlich gezeigt, ohne einen versierten Planer und Projektleiter ist ein solches Projekt nicht realisierbar. Denn es geht ja eben nicht darum, die Spitzentechnik aller Gewerke nebeneinander zu verbauen, sondern sie intelligent zu vernetzen, damit sie miteinander agieren und den Bewohnern Dienst leisten. Die Tür, die per RFID-Chip geöffnet wird, sorgt beispielsweise dafür, dass die Information „Bewohner Kevin Müller ist da" zu weiteren Aktionen führt, die technisch nichts mit der Türöffnung zu tun haben. Eine Aktion könnte sein, an „Maria Müller" eine SMS zu schicken „Kevin ist angekommen". Eine andere Aktion könnte sein, die E-Mails für Kevin abzurufen oder den Mikrowellenherd und die Musik in der Küche einzuschalten. Gewerke übergreifende Aktivitäten setzen vernetztes Denken und Wissen über die Möglichkeiten der Vernetzung bei den Realisierern voraus. Ein schlecht integriertes Haus voller technischer Spielereien entwickelt sich schnell zum Quälgeist der Bewohner.

Das SmartHome soll den Bewohnern dienen und möglichst wenig Bedienung verlangen. Aber auch einem Hausangestellten muss man sagen, was er oder sie tun und lassen soll. So ist es auch beim SmartHome. Die Bewohner stellen die Regeln auf und das smarte Heim arbeitet sie ab, solange kein neuer Auftrag erfolgt. Im Gegensatz zu Hausangestellten haben Computer keinen schlechten Tag, niemals keine Lust, Urlaub oder schlicht gerade etwas anderes zu tun. Der Computer im SmartHome arbeitet immer gleichermaßen hoch motiviert, solange Strom da ist. Und schon sind wir bei einem beliebten Einwand gegen das intelligente Haus: „Ohne Strom ist das Haus wieder dumm". Meine Antwort heißt: „Auch das dumme Haus geht nicht ohne Strom". Licht, Telefon, Heizung, selbst die Holz-Pellet-Heizung benötigt Strom." Wichtig ist, was passiert, wenn der Strom wiederkehrt. Ist das SmartHome ordentlich geplant und realisiert, startet alles von ganz allein und arbeitet weiter.

Es gibt keine Argumente, warum man sich die Vorteile des SmartHome nicht zunutze machen sollte. Selbst die Kosten sind kein Argument mehr, denn die am Markt verfügbaren Produkte sind inzwischen preiswert. Ein guter Planer sucht die optimalen Komponenten aus. Unsichere Handwerker nehmen gern einfach das teuerste Produkt in der Hoffnung, dass es auch gut funktionieren würde. Wenn es dann nicht den beabsichtigten Zweck erfüllt, wird gern die Ausrede ins Feld geführt: „Ja wenn der Marktführer Ihre Anforderungen schon nicht erfüllen kann, wird es wohl an Ihnen liegen". Seien Sie deshalb kritisch bei der Auswahl der Partner und lassen Sie sich Referenzen zeigen oder vertrauen Sie auf Qualitätssiegel wie beispielsweise der Partnerliste des Bundesverbandes SmartHome Initiative Deutschland e.V. (www.smarthome-deutschland.de).

Ein intelligentes, vernetztes Haus ist wie eine Eisenbahnanlage. Das gilt in mehrerlei Hinsicht. Bevor man eine Modelleisenbahn aufbaut, macht man eine Planung. Gleispläne, Stücklisten, Zugänglichkeit bei Entgleisung und auch das Budget ist nicht zu vergessen. Selten wird eine Anlage in einem Rutsch aufgebaut. Sie wächst mit den Wünschen und Anforderungen. Wünsche verändern sich. Für den einen ist das Aufbauen wichtig, für den anderen die naturgetreue Nachbildung und für einen Dritten der Betrieb. Ähnlich verhält es sich beim SmartHome. Planung ist das A und O. Was will man eigentlich erreichen? Was muss jetzt, was kann später realisiert werden, oder soll das SmartHome Hobby werden und damit gewünschte Dauerbaustelle? Wer letztere Ambitionen hat, möge sich vorher der Zustimmung des Familienrates versichern.

Ein vernetztes Haus wird im Laufe der Zeit an die sich ändernden Bedürfnisse seiner Bewohner angepasst. Eine Familie mit Kindern und dreißigjährigen Eltern hat andere Bedürfnisse, als ein Ehepaar in den Fünfzigern oder Sechzigern, das einen Elternteil zur Pflege aufgenommen hat. Die Investitionen für die Anpassungen und Erweiterungen verteilen sich deshalb auf viele Jahre.

In den folgen Kapiteln erfahren Sie, welche Gewerke es in einem intelligenten Haus geben kann, wie diese zusammenhängen, welchen Nutzen sie bringen können und was bei der Planung zu beachten ist.

Checklist - Wie smart ist Ihr Heim?

Diese Checklist hilft Ihnen herauszufinden, welche nützlichen elektronischen Helfer in Ihrem Haushalt fehlen.

- Öffnen Sie die Tür Ihres Hauses/Wohnung mit einem mechanischen Schlüssel, oder erkennt die Tür, dass Sie davor stehen und öffnet Ihnen automatisch?
- Wenn Sie den Flur betreten, schaltet sich das Licht automatisch ein, falls das Tageslicht nicht ausreicht?
- Können Sie erkennen, dass Besucher an der Tür waren? Und können Sie abrufen, wer es war?
- Erkennt Ihr Haus, wenn Ihr Auto in die Einfahrt fährt, öffnet das Tor und beleuchtet bei Bedarf Ihren Weg?
- Haben Sie die Möglichkeit, die Türklingel zusammen mit Bild und Ton auf Ihr Mobiltelefon umzuleiten?
- Wenn Sie Ihr Haus / Ihre Wohnung verlassen, können Sie auf einem Blick erkennen, dass alle Fenster und Türen verschlossen sind?
- Wenn Sie Ihr Haus verlassen, können Sie auf einem Blick erkennen, dass alle Elektrogeräte ausgeschaltet sind, die nicht unbedingt laufen müssen?
- Können Sie beim Verlassen des Hauses/Wohnung die Heizung in bestimmten Räumen kontrolliert absenken und rechtzeitig für Ihre Rückkehr wieder einschalten?
- Lassen sich die Temperaturen in allen Räumen Ihres Hauses oder Ihrer Wohnung separat einstellen?
- Schaltet sich in Ihrem Heim das Licht in Räumen, in denen sich niemand aufhält, automatisch aus?
- Nutzen Sie das Energie sparende LED-Licht?
- Passt sich das Licht im Schlafzimmer, Flur und Bad nachts automatisch Ihrem Sehbedürfnis an?

- Stellen sich die Lichtschutzrollos automatisch entsprechend Ihren Bedürfnissen ein? Werden die Rollläden bei Sturm automatisch hochgezogen?
- Haben Sie mehr als eine Fernbedienung in Ihrem Heim?
- Wird die Lautstärke des TV-/HIFI-Gerätes automatisch reduziert, wenn ein Telefongespräch geführt wird?
- Kann Ihr TV-Gerät Ihre Urlaubsbilder und Videos zeigen, die auf einem zentralen Medienspeicher in Ihrem Haus oder Wohnung liegen?
- Können Sie zuhause und über das Internet bei Freunden auf Ihre Urlaubsbilder oder Ihre gespeicherte Lieblingsmusik zugreifen?
- Können Sie in jedem Raum die gleiche Musik bzw. den Fernsehton hören?
- Können alle Ihre Bildschirme gleiche Inhalte zeigen, z.B. das TV-Programm, eine Excel-Tabelle, E-Mail oder müssen Sie zwischen TV und PC unterscheiden?
- Haben Sie auch aus dem Urlaub immer die volle Kontrolle über Ihr Heim und informiert es Sie, falls eine Abweichung vom Normalen eintritt?
- Können Sie auch vom Büro aus die Videoaufzeichnung programmieren?
- Wird Ihr Garten bei Bedarf automatisch bewässert?
- Mähen Sie den Rasen noch selbst, oder sorgt ein Rasenbutler dafür?
- Saugen Sie die Böden selbst, oder überlassen Sie die Reinigung einem automatischen Staubsauger?
- Kenn Sie die Vorteile eines Zentralstaubsaugers?
- Bringt Ihr Haustier manchmal „Freunde" mit ins Haus oder öffnet sich die Haustierklappe nur für Ihr Tier?
- Erzeugen Sie auf dem Dach Strom durch Photovoltaik?

- Nutzen Sie erneuerbare Energien zum Heizen oder auch zur Stromerzeugung?
- Können Sie eine im Wohnzimmer begonnene TV-Sendung im Schlafzimmer weitersehen, ohne dass Sie etwas von der Sendung verpassen?
- Führt Ihre Personenwaage und Ihr Blutdruckmessgerät automatisch Buch und informiert Angehörige, Pflegedienst oder Arzt, wenn etwas nicht in Ordnung ist?
- Führt Ihr Heim eine elektronische Einkaufsliste, die Sie vom Handy, PC oder TV-Gerät aus ergänzen und bearbeiten können? Lassen sich schwere Artikel wie beispielsweise Mineralwasser und Kartoffeln per Kopfdruck bei einem Lieferservice bestellen?
- Wenn Sie nicht zuhause sind, wie schützen Sie Ihr Hab und Gut? Wirken die Sensoren im Haus als Alarmanlage und informieren Sie oder einen Wachdienst, wenn sich beispielsweise ein Fenster öffnet oder ein „Bewegungsmelder "anschlägt"?
- Was passiert, wenn Sie zuhause sind und Einbrecher im Haus vermuten? Kann Ihr Haus die Eindringlinge vertreiben, z.B. mit Licht und Lärm und gleichzeitig Fotos und Videos aufnehmen, die bei der Ergreifung der Täter hilfreich sind?
- Kennen Sie den Energie- und Wasserverbrauch Ihres Hauses bzw. Ihrer Wohnung? Und kennen Sie den Standy-by Verbrauch?
- Kann Ihr TV-Gerät auf Internetinhalte zugreifen?
- Müssen Sie zur Abfrage von E-Mail einen PC starten, oder geht das bei Ihnen am TV-Gerät oder einem kleinen mobilen, berührungssensitiven Bildschirm.
- Erinnert Sie Ihr Haus an die Müllabfuhrtermine?

- Können Sie per Knopfdruck Licht, Temperatur, Vorhänge, Musik und TV steuern? Können Sie abends mit einem Knopfdruck alle Leuchten löschen und die Türen verschießen?

Keine Angst, wenn Sie nur einige wenige Kreuzchen machen durften. Auf alle Fälle haben Sie eine Übersicht, was man grundsätzlich alles „smart" machen könnte. Doch nicht jeder möchte und benötigt alles von dieser Checkliste. Manche Wünsche werden erst im späteren Leben wirklich interessant. Markieren Sie doch einfach die Funktionen, die Sie jetzt gern in Ihrer Wohnung oder Eigenheim hätten und auch die, die Sie vielleicht später realisieren wollen.

Das IP-Netzwerk

Dass Kürzel IP steht für Internet-Protokoll. Dieses Protokoll regelt, wie elektronische Geräte miteinander Daten austauschen. Beispielsweise wie der Internetbrowser eines PC Daten von einem Server bei Google besorgt und sie so auf dem Bildschirm aufbaut, wie der Websiten-Gestalter es geplant hat. Dazu gehört als Basis die Adressierung. Wie findet mein PC den richtigen Server bei Google? Derzeit gibt es zwei Adresspläne: IP Version 4 und IP Version 6. IPv4 bietet einen Adressraum von etwas über vier Milliarden IP-Adressen (2^{32} oder 256^4 = 4.294.967.296). In den Anfangstagen des Internets, als es nur wenige Rechner gab, die eine IP-Adresse brauchten, galt dies als weit mehr als ausreichend. Aufgrund des unvorhergesehenen Wachstums des Internets herrscht heute aber Adressenknappheit. Bereits Ende 2011 wurde der gesamte Adressenvorrat von IP V4 aufgebraucht. Deshalb hat man sich rechtzeitig für ein neues Adressierungsverfahren entschieden: IP V6. Der nun zur Verfügung stehende Adressraum beträgt 2^{128}, das sind ungefähr 340 Sextillionen oder $3,4 \cdot 10^{38}$). Das sollte auf lange Zeit reichen, doch schon erheben sich Stimmen, die am liebsten jeder Glühbirne im Haus eine eigene IP-Adresse geben würden. Dann könnte es vielleicht viel zu früh wieder knapp werden.

Die große Verbreitung des Internetprotokolls hat dazu geführt, dass quasi jeder Anbieter von elektrischen oder elektronischen Geräten irgendwie einen Zugang zum Internet bereitstellt. Das bedeutet, alle Geräte können „irgendwie" per IP miteinander kommunizieren. Es ist also nicht nötig, alle Geräte bei einem Hersteller zu kaufen, damit sie miteinander arbeiten. Manche Hersteller haben die darin enthaltenen Chancen noch nicht verstanden und wehren sich dagegen. Sie behaupten, dass nur bestimmte TV-Fabrikate und Multiroom-Syteme mit ihrem Schaltersystem kompatibel seien. Ein netter Versuch, seinen Markt zu sichern, doch die Realität ist viel freundlicher. Im wahren Leben kann jeder mit jedem, allerdings nicht ohne ein bisschen Aufwand beim Planen und der Einrichtung des Netzwerks.

Die IP-Adresse benötigt man im SmartHome, um die einzelnen Geräte eindeutig voneinander unterscheiden zu können. Wenn beispielsweise ein Home-Gateway Daten vom SmartMeter abrufen will, benötigt er dessen eindeutige Adresse. Typische Geräteadressen nach dem IP V4 Standard sehen so aus: http://192.168.195.87. Und eine externe Adresse, hier die vom SmartHome Paderborn, sieht so aus: http://87.245.2.218. Der Aufbau ist gleich, nur die Nummernkreise sind anders. Eine IPV6 Adresse sieht ganz anders aus:
http://[2001:0db8:85a3:08d3:1319:8a2e:0370:7344].
Die eigentliche Adresse steht in eckigen Klammern, die einzelnen Adressteile sind durch Doppelpunkte getrennt.

Es gibt zwei Arten, die Adressen zu vergeben. Sie lassen es einen Adress-Server tun (DHCP) oder sie tun es selbst. Der DHCP ist meist Bestandteil des Internetzugangs, des so genannten Routers. Er vergibt neuen Geräten beim ersten Kontakt im Netzwerk die nächste freie Adresse. Bei vielen Geräten kann das am Ende sehr unübersichtlich werden. Wenn sie die IP-Adressen selbst vergeben, können Sie beispielsweise allen Kameras einen bestimmten Nummernkreis zuordnen, allen PCs einen anderen und so weiter. Ob DHCP oder manuell, wichtig ist es, eine Liste auf Papier zu führen mit den Angaben: Gerätetyp, Herstellerbezeichnung, IP-Adresse und möglichst auch der physikalischen Adresse, MAC-Adresse genannt.

Mehr dazu finden Sie in Wikipedia unter MAC-Adresse.

Soviel zu den Grundlagen. Das Buch möchte Sie nicht zum Informatiker machen, das müssen Sie für SmartHome auch gar nicht sein.

Welche Geräte brauchen Sie und wie werden sie im SmartHome installiert? Das klären wir in den folgenden Kapiteln.

Zugang zum IP-Netzwerk Internet

Jedes SmartHome benötigt einen Internetzugang, sonst lassen sich multimediale Inhalte nicht downloaden und man kann das Haus nicht aus der Ferne überwachen und steuern. Das Internet kann auf verschiedene Weise bereitgestellt werden. Der Klassiker ist DSL, aber auch das Kabel-TV-Netzwerk, das Mobiltelefonnetzwerk oder per Satellitenkommunikation ist breitbandige Internetkommunikation möglich. Oftmals sogar besser und billiger. Bandbreiten und Tarife unterscheiden sich, je nachdem wo Sie wohnen, welche Provider bei Ihnen anbieten. Es lohnt auch, von Zeit zu Zeit die Angebote der unterschiedlichen Anbieter zu überprüfen. Sie können problemlos von DSL zu Kabel oder umgekehrt wechseln.

So viel zur IP-Theorie. Im Folgenden werden die Zugangstechnologien beschrieben.

DSL

DSL (Digital Subscriber Line) wird parallel zu den Telefondaten (Analog oder ISDN) auf demselben Kupferkabel übertragen. Im Haus werden die hochfrequenten DSL-Daten im so genannten Splitter ausgekoppelt. Ein Kabel wird mit einem ISDN- oder Analog-Telefon bzw. einer Telefonanlage verbunden, die DSL-Daten werden nun an ein DSL-Modem geleitet. Erst danach liegen die Daten im IP-Format so vor, dass ein Computer oder ein lokales Netzwerk (LAN) mit ihnen etwas anfangen kann. Moderne Installationen setzen statt des Modems auf einen Router mit eingebautem Modem, Firewall und Switch. Die Fritz-Box ist ein weit verbreitetes Exemplar dieser Gattung und dient uns hier deshalb als Synonym für alle anderen „Router". Roh-DSL aus dem Splitter wird zur Fritz-Box geleitet. Die Fritz-Box managt den Zugang und stellt an vier so genannten Ports ihres eingebauten IP-Switches das lokale Netzwerk für PC, Spielekonsole, IP-TV etc. zur Verfügung.

Zusätzlich kann die Fritz-Box auch noch Telefonanlage sein. Dazu wird auch der analoge Telefonanschluss oder die ISDN-Leitung an die Fritz-Box angeschlossen. DSL Anbieter vergeben in der Regel keine feste IP-Adresse an die Teilnehmer. Die zugeteilte Adresse ist

meist nur 24 Stunden gültig und wird dann ausgetauscht. Soll im Haus ein Server, wie z.B. ein Homeserver oder eine Kamera von außen angesprochen werden, muss auf einen kostenlosen Adressdienst wie beispielsweise DYNDNS.ORG oder NO-IP.COM zurückgegriffen werden. Die meisten Router sind darauf bereits vorbereitet und senden die aktuelle gültige IP-Adresse an den Adressdienst. Dieser ordnet sie Ihrer DYNDNS-Adresse zu. Beispielsweise wird so aus http://87.245.2.218 dann http://www.webfront.info/. Das kann man sich auch besser merken. So können sie auf Ihr Netzwerk immer unter der gleichen Adresse zugreifen, ohne die gerade aktuelle IP-Adresse zu kennen.

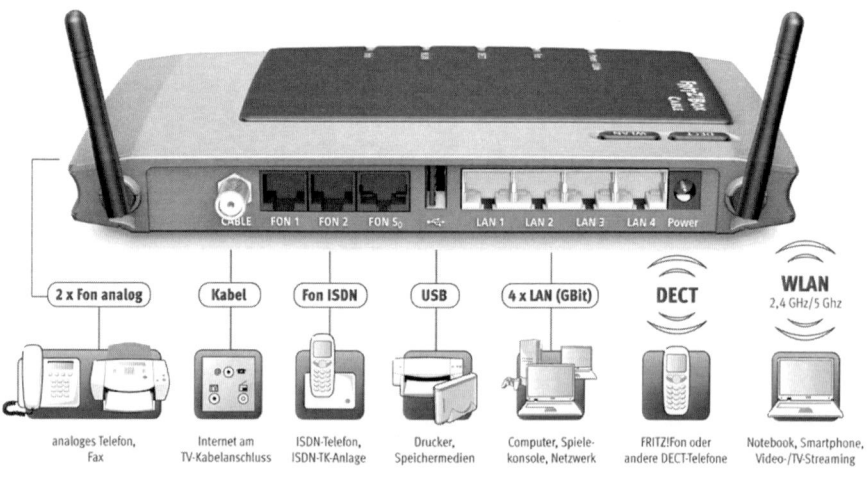

Internet per Kabel-TV

Kabel TV nutzt Koaxialkabel. Die Leitungskapazität ist so hoch, dass neben dem TV-Signalen bequem auch noch Daten übertragen werden können. Verfügt der Haushalt über einen digitalen Kabelanschluss lässt sich das IP-Signal auskoppeln. Dazu benötigt man ein so genanntes DOCSIS Modem oder eine Modem-Router-Switch-Kombination, wie unter DSL beschrieben. Die Fritzbox für Kabel-TV bietet den Zugang zum Netzwerk des Kabel-Providers und Anschluss an das lokale Netzwerk für bis zu vier PC. Der Betrieb unterscheidet sich nicht wesentlich vom DSL-Anschluss. Allerdings bieten die Kabel-TV Provider in der Regel die bessere Bandbreite.

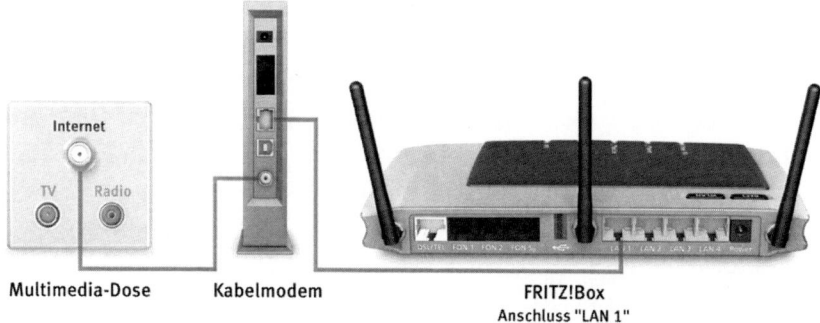

8, 16, 32 oder sogar 64 Mbit/Sekunde sind heutzutage im Angebot, während DSL nur in wenigen Teilen des Landes 16 Mbit/s anbieten kann (Stand 2012). Kabelprovider bezeichnen ihr Angebot häufig als Triple-Play. Dies bedeutet, dass über das eine Kabel neben digitalem TV und Radio auch Internet und Telefon angeboten wird. In der Regel verfügt der Kabel-Internetanschluss über eine feste IP-Adresse. Das hat Vorteile, wenn man eigene Server betreibt. Dies kann eine IP-Kamera oder der HomeServer sein, den man bei fester IP-Adresse immer unter der gleichen Adresse findet. Bei sich täglich ändernden Adressen, wie bei DSL üblich, muss für den Serverbetrieb auf einen kostenlosen

Adress-Service wie z.B. DYNDNS.ORG zurückgegriffen werden. Nähere Info dazu im Kapitel DSL.

UMTS/HSDPA

UMTS und HSDPA heißen die Zauberworte, mit denen die Handynetze heute jedem DSL-Anschluss Konkurrenz machen können. Die neuen Übertragungstechniken erlauben Geschwindigkeiten von derzeit bis zu 14,4 Mbit/s im Download. IP per UMTS setzt einen UMTS-Router voraus. Den bekommen Sie beim Mobilfunkanbieter meist kostenlos zum Vertrag. Achten Sie darauf, dass die UMTS-Antenne abnehmbar ist, damit Sie eine leistungsstärkere Antenne günstig positionieren können, ohne dass der Router unbedingt auf der Fensterbank stehen muss. UMTS-Router haben meist vier LAN-Ausgänge für Ihre Geräte. Wichtig ist, dass Sie sich bezüglich des Datenvertrages gut beraten lassen. Datenflatrates sind kostengünstig, doch manche Anbieter drosseln die Geschwindigkeit, wenn Sie ein bestimmtes Volumen überschritten haben. Deshalb unbedingt das Kleingedruckte lesen.

Long Term Evolution - LTE

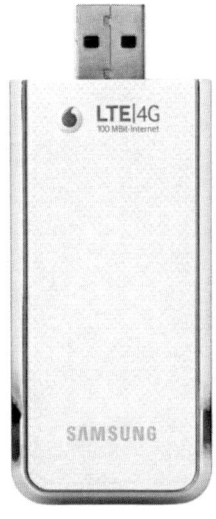

Das hört sich doch gut an – LTE ist die Abkürzung für Long Term Evolution. Als Technologie der vierten Mobilfunkgeneration (4G) ist sie die Weiterentwicklung der heutigen UMTS/HSPA-Netze (3G). Vorteile für den Kunden sind deutlich höhere Übertragungsgeschwindigkeiten für den Up- und Download von Dateien und der schnellere Aufbau von Webseiten. Der Ausbau des LTE-Netzes geht zügig voran. Noch hapert es an geeigneten Endgeräten. So kann das iPhone5 laut Datenblatt LTE, aber nur eine bestimmte, in Europa nicht vertretene Version. Die Provider Telekom und Vodafone bieten allerdings LTE-Sticks passend für PC und Router an.

Die Daten für ein beispielhaftes LTE Modem:

- Highspeed-Download mit bis zu 400 Mbit/s
- Externer Antennenanschluss
- Unterstützt alle Netze: LTE (1.8/2.6 GHz), UMTS/HSPA+ und GSM/EDG

Wenn Sie die Wahl haben zwischen UMTS und LTE, wählen sie LTE!

Sky-DSL

Oftmals stellt sich derzeit (2012) das Zugangsproblem so dar: Wohnsiedlungen und Gewerbegebiete sind außerhalb der Städte und zu weit vom Vermittlungsknoten entfernt, um eine gute DSL-Geschwindigkeit aufzuweisen, Kabelprovider investieren lieber in der Stadt oder dort wo viele Wohnungen mit wenigen Metern Kabel in der Straße erreichbar sind und deshalb eben nicht in Eigenheimsiedlungen. UMTS ist im Stadtzentrum perfekt, aber im Stadtrandbereich eher dünn vertreten. Sie möchten auch in Ihrem Ferienhaus an der Algave smarte Lösungen einbauen und benötigen Internetzugang? Die Lösung heißt dann StarDSL oder Sky-DSL.

Sky-DSL empfängt und sendet! IP-Pakete vom und zum Satelliten. Die Schüssel muss entsprechend ausgerichtet werden. Vom LNB, dem eigentlichen Empfangsmodul wird eine Koaxkabelleitung zum Empfänger verlegt. Dieser filtert die Datensignale heraus und stellt sie wie jeder andere Router für das lokale Netzwerk bereit. Das ist alles. Oft kann die Satellitenschüssel zusätzlich für normalen TV-Empfang verwendet werden.

Hier ein paar Informationen zu StarDSL und den Kosten:
StarDSL bietet bereits beim Einsteigertarif eine Download-Geschwindigkeit von 6.144 kbit/s und einen Upload von 1024 kbit/s. Der Einsteiger-Tarif kostet Stand Mitte 2011 rund Euro 20,00. Tendenz fallend.

Diese Bandbreiten gelten für ein Surfvolumen von bis zu vier Gigabyte, danach werden die Geschwindigkeiten auf ISDN-Geschwindigkeit gedrosselt. Wer dennoch weiter mit hoher Geschwindigkeit surfen will, kann den StarDSL-Booster dazu buchen – für Euro 12,95 pro Gigabyte. Einmalig ist eine Bereitstellungsgebühr für die Satellitenhardware von 199 € zu entrichten. StarDSL macht den flächendeckenden Internetzugang einfach: Satellitenschüssel aufbauen, ausrichten und lossurfen. Einzige Voraussetzungen für StarDSL sind ein Stromanschluss und eine freie Sicht zum Himmel.

Was lässt sich vernetzen

Was wollen wir vernetzen? Im SmartHome sollten möglichst viele Gewerke miteinander vernetzt werden, damit sie uns gemeinsam Dienste anbieten können. Services unabhängig nebeneinander zu betreiben ist nicht smart. Ein Sensor am Fenster, der signalisiert, ob das Fenster verschlossen, offen oder „auf Kipp" ist, dient der Energieeffizienz und gleichzeitig auch der Sicherheit. Das heißt, beide Services nutzen den gleichen Sensor. Bei unintelligenten Systemen würde jeder Dienst einen eigenen Sensor benötigen.

Die Liste der Vernetzungskandidaten ist lang. Es muss nicht alles, was vernetzbar ist, von Anfang an mit eingebunden werden. Die Ansprüche und Notwendigkeiten ändern sich. Ein gut geplantes SmartHome ist jedoch jederzeit anpassbar. Wie das geht wird in späteren Kapiteln erklärt. Jetzt geht es erst einmal um eine Aufstellung der Möglichkeiten.

Der Klassiker - elektrische Verbraucher

- Licht
- Steckdosen
- Hausgeräte
- Computer und Netzwerk
- Gartenpumpe
- Garagentoröffner

Computer- und Nachrichtentechnik

- Rechner
- Web-Pad / iPad / Android-Tablett
- Bildschirm
- Drucker
- Scanner
- Soundsystem
- Netzwerkspeicher
- IP-Kamera
- Netzwerkgeräte (Router, Switche, PoE, WLAN,…)
- Telefonanlage
- IP-Telefone

Auch das geht - Unterhaltungselektronik

- TV-Geräte
- Sat-Receiver
- Radio / Internetradio
- Multiroom-System
- DVD / Blue-Ray-Player

Noch recht selten, aber mit Sparpotenzial - Haushaltsgeräte

- Gateway zu vernetzten Hausgeräten, beispielsweise Miele@home

Künftig immer wichtiger - Heim- und Telemedizinische Geräte

- Blutdruck
- Blutzucker
- Waage
- EKG

Vernetzung elektrischer Verbraucher

Ganz am Anfang der Geschichte vom Intelligenten Haus stand die Idee, elektrische Verbraucher wie Licht, Steckdosen, Hausgeräte, Computer und Netzwerk, Unterhaltungs-elektronik, Gartenpumpe, Garagentoröffner und elektrische Rollläden per Fernsteuerung, Zeitschaltuhr und per Programm zu steuern. Erste durchaus erfolgreiche Versuche wurden mit industriellen Steuerungen (SPS) unternommen.

Die folgenden Kapitel beschreiben einzelne am Markt in relevanten Stückzahlen vertretene Systeme und Produkte. Es werden Vor- und Nachteile aufgeführt.

SPS als SmartHome-Steuerung

SPS steht für Software Programmierbare (Industrie-) Steuerung. Auch heute werden viele SmartHome Projekte so realisiert. Sie zeichnen sich durch eine industrielle Zuverlässigkeit aus und sind gut programmier- und testbar. Das Prinzip ist einfach erklärt. Von einem Schaltschrank aus werden alle Sensoren, wie beispielsweise Taster, Schalter, Lichtsensoren und Bewegungsmelder verdrahtet. Im Schaltschrank selbst befinden sich auch die Relais, von denen aus alle Verbraucher, also Rollomotoren und Leuchten erreicht werden. Eine Rechnerlogik verknüpft die Sensoren mit den Relais. Ein klares, zuverlässiges Konzept. Nachteilig sind die langen und damit teuren Kabelwege vom Schaltschrank zu den Sensoren und den zu betreibenden Geräten, sowie die Tatsache, dass man grundsätzlich bereits bei der Installation alle Kabel exakt verlegen muss. Spätere Änderungen sind nur mit baulichem Aufwand oder die Ergänzung um Funksensoren von z.B. Enocean machbar.

Prominenter Vertreter dieser Variante des SmartHome ist die Firma Beckhoff, Wenn Sie genau wissen, was Sie wollen und was Sie nicht wollen und das Projekt von Profis in einem Rutsch errichten lassen, sind Sie mit einer SPS-Lösung bestens bedient. Vom Selbstbau kann ich allerdings nur sehr deutlich abraten.

KNX / EIB

KNX sieht sich als der weltweit einzige offene Standard für Haus- und Gebäudesystemtechnik. Dieser Standard basiert auf der Erfahrung von mehr als 20 Jahren, unter anderem mit den Vorgängersystemen von KNX: EIB, EHS und BatiBUS. Über die KNX Übertragungsmedien, mit dem alle Geräte verbunden sind, verdrillte Zweidrahtleitung, Funk, 230V-Netz oder IP/Ethernet, ist es möglich, Informationen auszutauschen. Bus-Geräte können entweder Sensoren oder Aktoren sein, die für die Steuerung der Gebäudeautomation gebraucht werden, so zum Beispiel für: Beleuchtung, Beschattung / Jalousieanlagen, Sicherheitssysteme, Energiemanagement, Heizung, Lüftung und Klimatisierung, Alarm- und Überwachungssysteme, Schnittstellen zu Wartung und zur Gebäudeüberwachung, Fernbedienung, Zählerwerterfassung, Audio- und Videosteuerungen Haushaltsgeräte, etc. All diese Funktionen können durch KNX gesteuert, überwacht und durch Alarme gesichert werden, ohne dass zusätzliche Steuerzentralen nötig wären.

KNX ist sowohl als internationaler Standard (ISO/IEC 14543-3), als europäischer Standard (CENELEC EN 50090 und CEN EN 13321-1) wie auch als chinesischer Standard (GB/Z 20965) anerkannt. KNX ist somit zukunftssicher. KNX-Produkte verschiedener Hersteller können kombiniert werden – das KNX-Logo steht für Vernetzbarkeit und Interoperabilität. (Quelle KNX Website)

KNX setzt eine sehr gute Planung voraus. Sensoren und Aktoren werden über das meist grüne Buskabel vernetzt. Liegt an Stellen, an denen man einen Sensor, beispielsweise einen Lichtschalter montieren möchte, kein Bus-kabel, gibt es Probleme. KNX-Funk-Sensoren benötigen Batterien, KNX-Powernet benötigt 230V. Allerdings gibt es gut funktionierende Übergänge zum batterielosen Standard Enocean. Kombinationen aus KNX Aktoren und

Enocean Sensoren sind inzwischen häufig anzutreffen, bietet diese Konstellation doch gleichzeitig eine Vielzahl von KNX-Aktor-Produkten, die das Elektrohandwerk versteht und die Flexibilität der Enocean-Sensorik.

KNX ist der in Deutschland an weitesten verbreitete Standard für die Gebäudevernetzung. Jeder Elektromeister lernt in seiner Ausbildung die Installation und Programmierung von KNX. Alle großen Schalterhersteller unterstützen KNX. Trotzdem kommt meiner Meinung nach KNX für den privaten Einfamilien-Wohnungsbau und die Nachrüstung weniger in Betracht. KNX ist vergleichsweise teuer. Eine Vorrüstung und spätere Realisierung ist nur schwer realisierbar.

Local Control Network - LCN

Das LCN (Local Control Network) ist ein kabelgebundenes Installationsbus-System für Wohn- und Zweckbauten. Es übernimmt die Funktionen der herkömmlichen Elektroinstallation und perfektioniert diese. Da LCN keine spezielle Grundinstallation erfordert, ist es in einem weiten Bereich flexibel einsetzbar. Notwendig ist eine zusätzliche Kabelader zur 230 Volt Verkabelung. Am besten erreicht man dies, wenn beim Neubau oder der Renovierungsstelle von 3- adrigem Kabel verwendet wird. 4-adriges würde reichen, ist aber in der Regel teurer, als 5-adriges. Diese zusätzliche Ader wird im gesamten Haus miteinander verbunden und stellt das Bussystem dar. Auf ihr werden die Daten für die Gebäudesteuerung übertragen. An den Stellen, an denen Sensoren, also Taster, Temperatur- und Bewegungsmelder eingebaut werden, wird auch ein LCN-Modul eingesetzt. Ebenfalls dort, wo geschaltet werden soll. Beispielsweise im Rollladenkasten, in der Unterverteilung, hinter der Steckdose.

Das Spektrum reicht vom Einfamilienhaus bis hin zu den größten Gebäuden mit bis zu 30.000 Modulen und mehr als 500.000 Datenpunkten. LCN wird in der Fachwelt als technologisch führendes System angesehen, weil:

- LCN bietet eine große Funktionalität dank hohem Dateninhalt in den Telegrammen

- LCN bietet hohe Flexibilität in der Bedienung: Funktionen werden nach Kundenwunsch gestaltet

- LCN bietet sehr hohe Detailqualität. Beispiel Lichtregie: 100 Lichtszenen/Kreis schon eingebaut, Lichtübergänge und Ablaufsteuerungen auf vier verschiedenen Wegen realisierbar

- LCN verträgt sich hervorragend mit der konventionellen Installation

- LCN ist sehr leicht zu installieren - eine freie Ader auf der Installationsleitung genügt.

- LCN ist preiswert dank multifunktionaler Module.

LCN bietet für die gleiche Aufgabe immer mehrere Lösungen, je nach Größe des Objekts und Etat des Bauherren. Es lässt den Bauherren die Freiheit, LCN nach Bedarf bis zum Vollausbau installieren zu lassen. Die Mehrkosten einer Grund-Vorrüstung für ein Einfamilienhaus betragen nur ca. €400 - €500. Beispiele für LCN-Häuser sind das Musterhaus SmartHome Paderborn, Bundesfachschule für Elektrotechnik Karlsruhe, Landesbank Frankfurt, Bundesministerium für Arbeit und Sozialordnung Berlin, Deutsche Bundesbahn Cargo Mainz und die Telekom Repräsentanz Berlin.

Enocean

Enocean, Kunstwort aus Energie und Ocean, steht für einen interoperablen, international verwendeten Funkstandard. Dieser ist unter der Bezeichnung ISO/IEC 14543-3-10 international genormt. Enocean Aktoren und Sensoren automatisieren ein Gebäude „ohne Kabel und in der Regel ohne Batterien".

Die Interoperabilität der unterschiedlichen auf Enocean-Technologie basierten Endgeräte verschiedener Hersteller ist ein wichtiger Faktor für die nachhaltige Etablierung der Technologie im Markt. Die „Enocean Alliance" treibt die Standardisierung der Funkprofile voran und stellt sicher, dass beispielsweise Sensoren des einen Geräteherstellers mit Empfängergateways eines anderen Herstellers kommunizieren können. Sie sind also nicht auf Produkte eines Herstellers angewiesen.

Energy Harvesting bedeutet, dass die Sensoren ihre „Energie aus der Umwelt ernten". Winzige Änderungen von Bewegung, Druck, Licht, Temperatur oder Vibration genügen, um eine elektrische Spannung zu erzeugen. Diese wird im Funkmodul gespeichert und dann abgerufen, wenn ein Sensor eine Zustandsänderung mitteilen möchte. Funknetze auf Enocean-Basis sind weltweit bereits in über 300.000 in Gebäuden im Einsatz. Damit ist Enocean die meistgenutzte Funktechnologie für Gebäudeautomatisierung.

Vorteile auf einen Blick

- Flexibilität der Anwendungen. Schalter und Sensoren können überall montiert werden, auch auf Glastüren
- Zeiteinsparung, da keine Kabel verlegt werden müssen
- Wartungsfrei, weil keine Batterien notwendig
- Ökologische Verträglichkeit durch Ökostudie wissenschaftlich bewiesen

- Reduktion von Brandlast und Induktionsfeldern, weil keine Kabel mit PVC-Ummantelung und Ströme im Kabel
- Viele Hersteller produzieren Geräte unter Verwendung der Enocean-Technologie (ISO/IEC 14543-3-10)
- Schalter in vielen Formen und Designs

- Sensoren für Licht, Rauch, Bewegung, Flüssigkeitsstände, Feuchtigkeit, etc

- Aktoren (Unterputz, Reiheneinbau und Direkteinbau)

- Gateways zu USB und IP, KNX, LON, Beckhoff und LCN

- Software zur Visualisierung und Steuerung von vielen Anbietern

IP-Vernetzung / Lokales Netzwerk

Es gibt drei Netzwerke im smarten Heim: Das 230 Volt Stromnetz, das Gebäudesteuerungsnetz beispielsweise KNX, LCN oder Enocean und das IP-Netzwerk, das auch als lokales Netzwerk (LAN) bezeichnet wird. Als viertes Netz mag man noch die Koaxialleitungen zu den TV-Geräten nennen. Streng genommen ist das aber gar kein Netz, und wenn die Prognosen aufgehen, wird in spätestens 10 Jahren überwiegend über das LAN ferngesehen und niemand wird mehr ein Koaxialkabel im Gebäude installieren. TV über IP / WLAN funktioniert ja heute schon, wenn der Internetzugang zum Haus mindestens 16 Mbit/sec leistet.

Kommen wir nun zum Rückgrat eines jeden SmartHome, dem LAN. Es besteht aus dem physikalischen Medium Kabel, PowerLine oder Funk und dem darauf ablaufenden Protokoll. Das ist das Internet-Protokoll, kurz IP. Alle Geräte und Dienste für das SmartHome haben die Möglichkeit, ihre Daten per IP auszutauschen. Und dadurch wird das Haus smart. Sensoren aus der einen Welt bewirken eine Reaktion in einer anderen Welt im Gebäude.

Strukturierte Verkabelung - Kupferkabel

Die bevorzugte Technik des Datentransports im SmartHome ist Kupferkabel. Datenkabel sind in Kategorien spezifiziert. Während Kategorie 5 (kurz Cat5) gut ist für Bandbreiten bis zu 100 Mbit/s, schafft Cat5e bis zu 1000Mbit/s. Aktuell sind Kabel der Kategorie sieben. Dabei sind die einzelnen Adernpaare geschirmt. Bandbreiten von bis zu 10.000 Mbit/s (10 Giga Bits / Sekunde) lassen sich hiermit übertragen. Das ist genug für alles, was sich Entwickler in den kommenden 40 - 50 Jahren ausdenken werden. HDTV benötigt zum Vergleich je nach Bildinhalt bis zu 30 Mbit/s. Durch entsprechende Verfahren können sie heute schon HDTV über eine 16 Mbit/s DSL Leitung ruckelfrei sehen.

Um diese theoretische Bandbreite des Cat7 Kabels nutzen zu können, müssen auch alle anderen Komponenten im LAN diese Bandbreiten bewältigen können. Dies sind in erster Linie Patchfelder, Anschlussdosen und Stecker. Doch auch die Kabelverlegung muss sorgfältig erfolgen. Datenkabel dürfen nicht geknickt werden. Der installierende Elektriker soll nach der Installation unbedingt einen Bandbreitentest machen – dazu gibt es Messgeräte – und Ihnen als Bauherrn das Messprotokoll übergeben. So lässt sich Pfusch vermeiden.

Das lokale Netzwerk LAN soll als Stern aufgebaut werden. Das bedeutet, von einem zentralen Punkt aus werden die Leitungen sternförmig in die einzelnen Räume verlegt. An diesem zentralen Punkt steht im SmartHome der so genannte Switch. Dies ist eine aktive Netzwerkkomponente, welche die Datenpakete durch das Netzwerk schleust. Switche sind relativ preiswert. Gute Gigabit-Switche mit 24 Ports – sprich für den Anschluss von bis zu 24 Geräten - kosten um die 200€ (2011, Tendenz fallend).

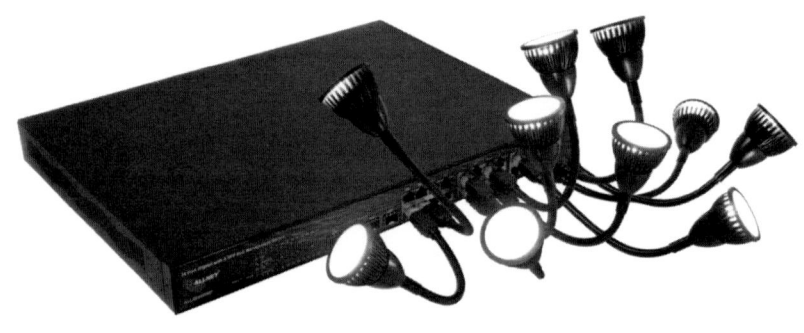

Das Bild zeigt einen PoE Power-over Ethernet-Switch von ALLNET. PoE wird hier durch LED-Leuchten an den Switchports demonstriert.

Der Elektriker kann die Kabelenden, die am zentralen Punkt ankommen direkt mit so genannten RJ45 Steckern versehen. Diese werden dann in die Ports des Switches gesteckt. Oder er kann ein Anschlussfeld, auch Patchfeld genannt, einsetzen. Die Kabelenden werden dort professionell aufgelegt. Die Verbindung vom Patchfeld zu Switch erfolgt per Patchkabel. Das sind kurze LAN-Kabel. Die Lösung mit dem Patchfeld ist etwas teurer, bietet aber

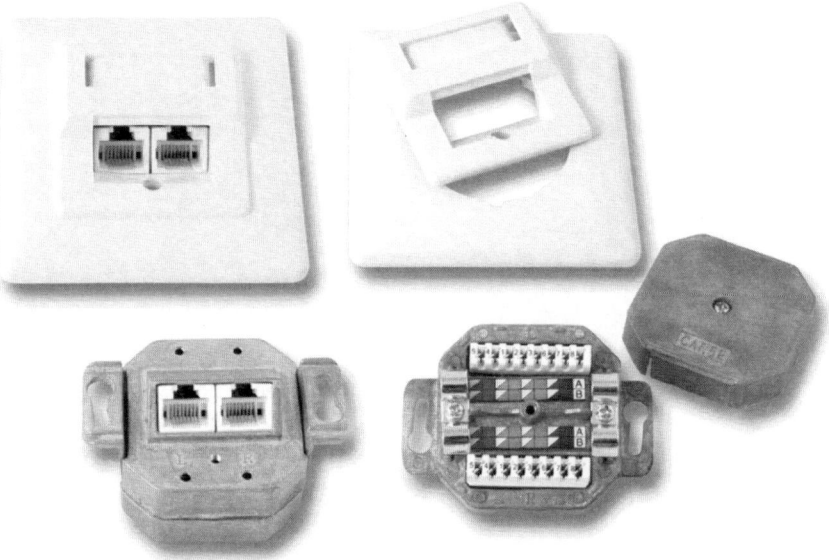

mehr Flexibilität und ist deshalb zu empfehlen.

Am anderen Ende des LAN-Kabels wird in der Regel eine Wand-Anschlussdose gesetzt. Es empfiehlt sich, Doppeldosen zu verwenden. Zumindest dort, wo mit mehreren Geräten gerechnet werden muss, beispielsweise im Home-Office, in den Kinderzimmern und dort, wo die Unterhaltungselektronik aufgebaut wird. Natürlich müssen zu den Doppeldosen auch zwei Kabel gezogen werde. Vorteilhaft ist bereits konfektioniertes Doppelkabel. Falls sie nur ein begrenztes Budget haben, gibt es Sparpotenzial. LAN-Dosen sind teuer. Setzen Sie nur die Dosen, die Sie jetzt brauchen, aber legen Sie in jedem Fall die Kabel, denn Kabel ist billig. Lassen Sie die Kabelenden in einer Leerdose enden, die Sie sogar übertapezieren können. Dann sind Sie für die Zukunft gut vorbereitet.

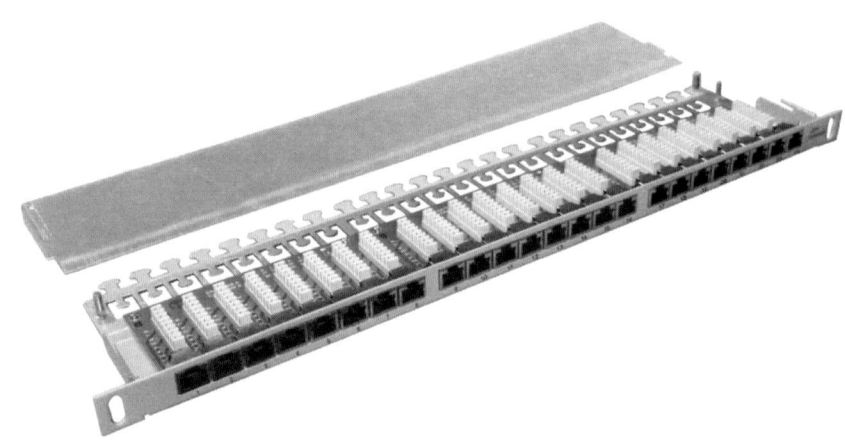

Wo sollte der zentrale Punkt für Patchfeld und Switch sein? Der optimale Platz ist mittig im Gebäude, vielleicht in dem ungenutzten Raum unter der Treppe. Oder im Keller neben dem Zähler und Sicherungskasten oder unter dem Dach. Er sollte für Installationsarbeiten zugänglich sein, ist im täglichen Betrieb allerdings absolut uninteressant.

An diesem Ort sollen auch noch das DSL-Modem bzw. der Router installiert werden. Auch für den Hausrechner und den zentralen Speicher ist dieser Ort der richtige Platz. Beide können aber auch an jedem anderen Ort im Gebäude installiert werden, wo es Zugang zum LAN gibt. Das ist einer der Vorteile des lokalen

Netzwerks. Jeder Punkt ist mit jedem verbunden, ganz gleich, wo er sich (im LAN) befindet, egal wo dieser zentrale Platz ist, Sie sollten fünf bis sechs 230 Volt Steckdosen vorsehen.

Wireless LAN - WLAN

Manche Hersteller wollen in der Werbung glauben machen, dass sich alles mit WLAN regeln ließe und LAN-Kabel der „Schnee von gestern" seien. Zwar ist das Funk-Netzwerk WLAN schneller geworden. Mit bis zu 300 Mbit/sec ist es technisch sogar schneller als Kabel-Fast Ethernet mit 100 Mbit/sec. Der aktuelle WLAN-Standard heißt 802.11 n. Achten Sie bei allen Ihren WLAN Geräten darauf, dass dieser Standard bedient wird.

In der Praxis lassen sich Datenraten von 300 Mbit/sec allerdings nicht realisieren. Zudem müssen sich alle Geräte diese Datenmenge teilen (shared Media). Erschwerend kommt dazu, dass Funkwellen von der Gebäudephysik beeinflusst werden. Dicke Mauern, Fußbodenheizung, Wärmedämmung mit Metallfolien, all das behindert die Übertragung. Darum mein Rat. WLAN ist toll, aber nur für ortsunabhängige Geräte, die man durchs Haus und den Garten trägt, nicht für stationäre Geräte wie PC, TV-Gerät, Medienspeicher, SmartHome Gateway, SmartMeter und so weiter.

Verfügt der Internetzugang (Router-Switch-Modem) bereits über eingebautes WLAN, ist der Aufstellungsort kritisch für die Wellenausbreitung. Wenn sie das Gerät am zuvor besprochenen zentralen Punkt im Gebäude aufgestellt haben, sollten Sie eigentlich gut bedient sein. Funk breitet sich kugelförmig aus. In einem Reihenhaus mit drei Etagen, ist die erste Etage vermutlich der richtige Ort, weil er nicht nur in der Ebene diese Etage, sondern auch die darüber und darunter versorgt.

Das Schöne am IP-Netzwerk ist, dass sich alle Übertragungsmedien mischen lassen: Kabel, WLAN, POF und PowerLine. Wir wählen im SmartHome für jedes Gerät die optimale Übertragungstechnik und machen keine faulen Kompromisse. Kabel ist für stationäre Geräte optimal, für bewegliche Geräte nutzen wir WLAN. Und wenn wir keine Kabel verlegen können, weil beispielsweise der Vermieter dies nicht zulässt, dann greifen wir zu PowerLine.

Polymere Optical Fiber - POF

Unter POF versteht man ein Pärchen von zwei optische Plastikadern. In ihnen lassen sich Daten mit bis zu 100 Mbit/sec übertragen. Die Fasern sind nur 1-2 mm dünn. Die Fasern sind unempfindlich gegen Umwelteinflüsse. Sie lassen sich problemlos unter dem Teppich, hinter der Scheuerleiste oder unter der Tapete verlegen.

Die Fasern sind billig und werden mit einem Teppichcutter auf Länge gestutzt. An ihren Enden benötigen Sie allerdings Elektronik, welche die optischen Signale wieder in elektrische wandelt und umgekehrt. Wie auch bei PowerLine brauchen diese Elektroniken kontinuierlich Strom. POF ist sehr gut geeignet, beim Tapezieren einzelne Kabelstränge quasi unsichtbar unter der Tapete zu verlegen.

PowerLine Communication - PLC

PowerLine Communications (PLC) auch als dLAN bekannt, nutzt das überall im Gebäude verfügbare 230 Volt Wechselstromnetz zur Datenübertragung. Die Daten überlagern als Hochfrequenz den Strom. PowerLine ist somit irgendwo zwischen festem Kabel und Funk anzuordnen. Die PowerLine-Adapter sind die Verbindung zwischen dem Stromnetz im Gebäude und dem lokalen Kabelnetzwerk.

Powerline ist nicht von der Gebäudephysik abhängig. Dicke Betonwände und die Fußbodenheizung stören nicht. Auch andere Stromverbraucher wirken sich nicht wirklich negativ aus. Allerdings stören schlechte Steckernetzteile und Mehrfachsteckdosen mit Filtern und Glimmlämpchen in den Schaltern gelegentlich die Übertragung. Wie bei WLAN teilen sich alle an das Stromnetz angeschlossenen Geräte die zur Verfügung stehende Bandbreite. Die theoretisch erreichbaren 300 oder 500 Mbit/sec sind somit im Praxisbetrieb unrealistisch.

PowerLine Communications ist schnell installiert. Einfach Adapter in die Steckdose und LAN-Kabel angeschlossen und fertig. PowerLine ist flexibel – wo eine Steckdose ist, sind auch die Daten.PowerLine Adapter sind Elektronik und die verbraucht Strom, kostet also fortlaufend Geld. Moderne Adapter sind diesbezüglich sehr genügsam, aber Kabel sind besser, denn sie brauchen gar keinen Strom.

Nach Möglichkeit Kabel verwenden. Verwenden Sie Cat7 Kabel auch dann, wenn Patchfeld und Dosen nur Cat5 unterstützen. Letztere lassen sich im Laufe der Zeit austauschen, das Kabel nicht.

Installieren Sie einen WLAN-Accesspoint. In der Regel ist dieser bereits Bestandteil des Router/Modem, z.B. FritzBox. WLAN ist allerdings nur etwas für bewegliche Geräte (iPad, SmartPhone, Laptop). Achten Sie auf den Standard 802.11n.

Wollen Sie das Netzwerk schnell und kabellos ergänzen, wählen Sie PowerLine Communications (dLAN). dLAN ist auch erste Wahl, wenn Sie keine Kabel verlegen dürfen, z.B. in einer Mietwohnung.

Wollen Sie fest installieren, Kupferkabel sind jedoch nicht zu verlegen, wählen Sie die Pastikfasertechnik POF.

Hausrechner

Ein intelligent vernetztes Haus benötigt einen Gebäuderechner. Wenn Sie nur Licht und Rollläden automatisieren wollen, geht das ohne Rechner durch die Technik des Bussystems, egal ob KNX, LCN oder Enocean. Wir wollen aber mehr als „Licht an, Licht aus".

Als Hausrechner benötigen wir ein robustes System mit Rechner, Speicher, einer kleinen Festplatte und diversen Schnittstellen. DVD, CD, ROM, Kartenslots und andere Multimedia-Einrichtungen benötigen wir nicht. Nicht einmal Tastatur, Display und Maus. Schön ist es, wenn der Hausrechner keinen Lüfter hat, denn die Motoren der Lüfter sind die Teile mit der geringsten Lebenserwartung. Zudem soll der Hausrechner so wenig Strom wie möglich verbrauchen, denn schließlich läuft er 24 Stunden, 365 Tage im Jahr. 15 Watt Stromverbrauch bedeuten 15 X 24 X 365 = 131,400 Wattstunden, also 131 KWh. Wenn Sie für eine KWh 26 ct zahlen macht das rund 34,00 Euro / Jahr. Benötigt Ihr „alter PC" 150 Watt macht das im Jahr stolze 340 Euro. Familie „Sparbier", die geneigt ist, den alten, ausgesonderten PC zu verwenden, zahlt also mächtig drauf.

Ein guter Vertreter dieser Strom sparenden Rechner ist der ZOTAC ZBOX AD02. Die Maße sind 4,4 cm X 18.8 cm. Der Hauptspeicher beträgt 8GB. WLAN vom Typ 802.11n, 54g und, 802.11B ist vorhanden.

Eigenschaften und Schnittstellen

Es gibt heute sehr günstige kompakte Rechner mit Intel Atom-Prozessor, zwei oder vier Gigabyte Speicher, kleiner Festplatte und ohne Lüfter. Alternativ bietet beispielsweise Hewlett-Packard einen so genannten HomeServer an. Dieser verfügt neben dem sparsamen Atom-Prozessor über bis zu vier Festplatten. Bereits installiert ist das Softwarepaket Microsoft HomeServer. Dieser Server ist gleichzeitig Speicher für alle Videos, die gesamte Musiksammlung, Ihre Fotos und alle weiteren digitalen Dokumente. Die besonderen Eigenschaften des HomeServers sorgen dafür, dass bei einem Festplattenfehler Ihre Daten nicht verloren sind.

Eine andere Möglichkeit ist die Verwendung eines NetBooks. Diese Geräteklasse hat zwar Tastatur und Display, ist aber schön kompakt, hat alle Schnittstellen und ist schon für 200,00 Euro zu bekommen.

Gerne wird im Eingangsbereich von Haus und Wohnung ein Touch-Monitor installiert. Kompakte Geräte, wie sie von allen Markenherstellern, aber auch von Lebensmitteldiscountern für unter 600,00 Euro angeboten werden, eignen sich gut zur Visualisierung und Steuerung. Allerdings sind sie nicht so genügsam wie spezielle Stromspar-Rechner mit Atom-CPU. Wenn Sie aber sowieso einen Bedienungs- und Visualisierungsbildschirm aufbauen wollen, kann dieser quasi nebenbei den Hausrechner spielen.

Schnittstellen

Schnittstellen verbinden den Hausrechner mit der Welt aus Sensoren, Aktoren, Netzwerke und Peripheriegeräten um den Rechner herum.

Lokales Netzwerk

Die Schnittstelle zum lokalen Netzwerk (LAN) ist die Ethernet-Schnittstelle. Bei aktuellen Rechnern leisten diese 1 Gbit/s. 100 Mbit/s Geschwindigkeit sind jedoch bereits ausreichend. Über das Ethernet, bzw. das LAN verbindet Sie den Hausrechner mit dem Netzwerk und dadurch per Router mit dem Internet.

Serielle Kommunikation

Ältere Geräte kommunizieren per serieller Schnittstelle, auch V.24, RS232 oder RS485 genannt. Heutige PCs, NetBooks und Homeserver verfügen nicht mehr über diese Schnittstellen. Sollten Sie beispielsweise eine Heizung oder Lichtsteuerung haben, die eine RS232 verlangt, empfehle ich einen Seriell-Ethernet-Wandler. Diese Wandler sind zwar etwas teurer, als Wandler auf USB, aber sie funktionieren sicherer. RS232 / USB Wandler verweigern bei manchen Geräten ihren Dienst und USB-Schnittstellen sind begrenzt, Ethernet-Anschlüsse können wir problemlos erweitern.

Das Bild zeigt zwei Seriell (V.24) auf USB-Adapter.

Auch die USB ist eine serielle Schnittstelle, allerdings schneller und besser normiert, als die RS232. Zudem liefert sie auch eine Versorgungsspannung für angeschlossene Geräte mit. Moderne Rechner verfügen meist über 2- 8 USB-Schnittstellen. Da wir im Betrieb am Hausrechner weder Tastatur noch Maus benötigen, stehen uns alle USB-Ports zur Verfügung. Per USB werden beispielsweise die Gebäudebusse KNX, LCN und Enocean mit dem

Rechner verbunden. Benötigen Sie für Ihr Projekt eine Soundkarte, beispielsweise für die Sprachausgabe von Statusmeldungen über ein Multiroomsystem, lassen sich Homeserver per USB-Soundkarte leicht aufrüsten.

Grundsätzlich ist die Kabellänge von USB auf 1 – 2 Meter begrenzt. Die Spezifikationen finden Sie im Internet bei Wikipedia. Es gibt jedoch USB-Verlängerungen um bis zu 10 Meter. Falls Sie beispielsweise einen USB-Fingerprintsensor an Ihrer Haustüre installieren möchten und dieser nur per USB kommuniziert, nutzen Sie einfach die Verlängerung. Tastatur-, Maus- und Display-Schnittstellen werden am Hausrechner nicht benötigt. Seine Bedienung sollte über den „Remote-Desktop" erfolgen. Irgendein anderer PC im LAN steuert den Hausrechner fern, wenn es erforderlich ist. Wenn Sie einen Dienstleister mit der Programmierung und Parametrisierung beauftragt haben, kann dieser die Steuerung auch aus der Ferne vornehmen, wenn Sie ihm dazu das Passwort geben. Das spart Anreisezeit und Ihr Geld.

Betriebssystem

Die Wahl des Betriebssystems hängt entscheidend davon ab, was Sie mit dem Rechner alles machen wollen und welche Steuerungssoftware Sie einsetzen. Ist er ausschließlich Hausrechner und setzen Sie auf BSC-Bose, ist Linux erste Wahl. Lizenzkostenfrei und stabil bietet es die Basis für die Java-Umgebung, unter der die Anwendungssoftware BSC-BOSE abläuft. Als Benutzer kommen Sie mit Linux und Java nicht in Berührung. Es werkelt „unter der Haube".

myHomeControl von BootUp in der Schweiz benötigt Windows ab der Version 2000. Dieses Betriebssystem kennen Sie vom Arbeitsplatz und von Ihrem Heim-PC. myHomeControl ist eine PC-Anwendung, wie andere Programme auch. Achten Sie darauf, dass sie das Betriebssystem immer aktuell halten, auch wenn die vielen System-Updates von Microsoft nerven.

Erst wenn Sie sich für eine Anwendungssoftware entschieden haben, wählen Sie das dazu passende Betriebssystem und vergessen Sie es dann. Es ist für die Gebäudeautomation unerheblich.

Anwendungssoftware

Die SmartHome Anwendungssoftware ist die Schaltzentrale des intelligent vernetzen Hauses. Sie überwacht die Sensoren und Schalter, stellt die logischen Verknüpfungen her, wie wir sie vorgegeben haben und steuert die Aktoren. In vielen Fällen leistet sie auch die Visualisierung und stellt das Gateway zum Internet oder Mobilfunknetz dar. Es gibt eine Vielzahl von Softwareanbietern für SmartHome Anwendungen. Dieses Buch kann deshalb nur eine Auswahl treffen und beschreiben. Jedes Produkt hat spezifische Eigenschaften, Vor- und Nachteile.

BSC-BoSe

BSC-BoSe stammt vom nordhessischen Softwarehaus BSC-Software GmbH. BSC ist auf Enocean fokussiert. Die Software ist ausgesprochen flexibel einsetzbar. Da sie in der plattformunabhängigen Sprache Java geschrieben ist, steht eine weite Platte an Hardwaresystemen zur Verfügung. Wer beispielsweise seine Gebäudeautomation ohne Microsoft und monatliche Betriebssystem-Sicherheitsupdates realisieren möchte, ist mit Ubuntu- oder SuSe-Linux gut bedient. Beide Betriebssysteme unterstützen Java.

Die BoSe Software selbst ist gut gegliedert, sehr umfangreich in Funktionen und Features. Die Visualisierung kann jede JPG-Datei als Hintergrund verwenden, also Fotos vom Objekt oder ein Gebäudegrundriss. Sensoren und Aktoren lassen sich problemlos auf die Visualisierungsoberfläche ziehen und konfigurieren. Interessant ist die integrierte Wake-on-LAN Funktion. Mit ihr lässt sich im Büro ein null-Watt-Stand-By erreichen. PC, Monitor und Peripherie werden über eine Enocean-Steckerleiste geschaltet. Ist der Strom vorhanden, schaltet BoSe per LAN-Befehl den PC ein. Umgekehrt wird zuerst per Software der PC heruntergefahren. Reagiert er nicht mehr auf Anrufe aus dem lokalen Netz (Ping), wird die 230 Volt-Versorgung abgeschaltet. So lässt sich Stand-by-Strom sparen.

Die Software BSC-BoSe setzt voraus, dass man weiß, was man und wie man automatisieren möchte. Wann sollen beispielsweise die Rollläden fahren, was soll exakt passieren, wenn ein bestimmter Schalter betätigt wird, etc. Ist diese Vorarbeit getan und schriftlich niedergelegt, kann fast jeder auch ohne Programmierkenntnisse beginnen, sein Objekt zu automatisieren. Programmierdisziplin ist allerdings notwendig. Das geht nicht mal eben so zwischen Tür und Angel. Das Handbuch sollte griffbereit sein. Eine deutschsprachige Hotline hilft im Problemfall.

Mit BSC-BoSe lässt sich eigentlich jedes Gebäudeautomationsprojekt realisieren. Es ist schwieriger in der Handhabung als myHomeControl, einfacher, als IP-Symcon. Dafür bietet es eine verschlüsselte APP für Android, iPhone und viele andere Handys.

myHomeControl

Das Schweizer Produkt myHomeControl von der Firma BootUp zeichnet sich dadurch aus, dass es speziell für Enocean-Hardware entwickelt wurde. Zusätzlich wird der MOD-Bus unterstützt. myHomeControl läuft auf Windows-Rechnern. Es lässt sich sehr einfach installieren. Zum Ausprobieren auch als kostenlose Version, die nur durch die Anzahl der aktiven Sensoren und Aktoren begrenzt ist.

Die Erstellung von Automationsprojekten ist ohne Programmierkenntnisse möglich. Wer eine Microsoft PowerPoint-Präsentation erstellen kann, ist mit myHomeControl nicht überfordert. In einem Verzeichnis befinden sich die am Markt vorhandenen Enocean- und Modbus-Module der wesentlichen Hersteller. Diese wählt man aus und zieht sie per Maus auf die Arbeitsfläche der entsprechenden Etage seines Gebäudes. Sensor-Ausgänge werden mit Aktor-Eingängen per Mausklick mit Linien verbunden und logisch verknüpft. Die Software ermittelt aus den Standort-Koordinaten des Gebäudes für jeden Tag den Sonnenauf- und Untergang sowie den Lauf der Sonne um das Gebäude von Osten nach Westen. Außenbeleuchtung und Beschattung lassen sich so perfekt steuern. Beispielsweise wird die Außenbeleuchtung eine Stunde nach Sonnenuntergang ein- und zwei Stunden vor Sonnenaufgang ausgeschaltet. Rollläden lassen sich per Timer an Werktagen z.B. um 07:00 hochfahren, an Sonntagen gerne auch um 09:00. Die Beschattung kann in Abhängigkeit der Sonnenwanderung, sowie der Innen- und Außenthermometer gesteuert werden. Steht die Sonne tief und scheint sie stark, werden automatisch die Rollläden zu 30% heruntergefahren. Per Funkschalter lässt sich alles individuell übersteuern.

Auch die Unterhaltungselektronik kann recht einfach in die automatisierten Szenen eingebunden werden. Voraussetzung ist, dass die Unterhaltungselektronikgeräte über eine Infrarotfernbedienung verfügen. Ein Infrarotsender mit Netzwerkanschluss (IRTRANS) bekommt seine Sendeaufträge von myHomeControl und sendet die richtigen Infrarotcodes an Fernseher, HiFi-Anlage und Co. Ein Webserver zur Überwachung und Steuerung per Browser und Handy ist ebenfalls vorhanden. Ungewöhnliche Geräte werden per XML-Datei Import und Export integriert. Letzteres erfordert in der Regel den IT-Fachmann. Eine deutsche Hotline ist vorhanden.

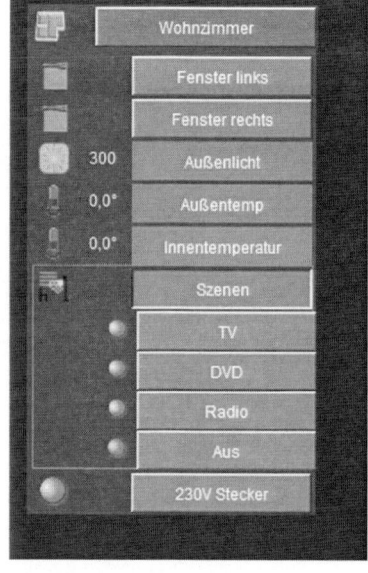

Das Bild zeigt die Darstellung von Sensoren und Aktoren im Handybrowser.

Mit myHomeControl lassen sich mindestens 95% aller SmartHome-Projekte im Haus und Büro realisieren. Die Erstellung der Projekte ist intuitiv, die Anpassung an neue Wünsche und Anforderungen jederzeit auch im laufenden Betrieb möglich.

RWE-SmartHome

RWE-SmartHome stellt eine Kombination aus Hardware und Software dar. Die RWE Hardwarekomponenten lassen sich ausschließlich mit der mitgelieferten Software nutzen. Die Komplettlösung wird vom Stromkonzern RWE vertrieben. Der Anspruch an die Entwicklung des Systems war, ein leicht verständliches Produkt für wenig Geld auf den Markt zu bringen, dass von Jedermann installiert werden kann und die meisten Anwenderwünsche realisiert. Daneben sollte das System vollständig verschlüsselt sein. Die Ziele wurden zweifellos erreicht.

Es stehen alle wichtigen Sensoren beispielsweise für Bewegung, Temperatur und Luftfeuchte zur Verfügung. RWE nutzt wie Enocean auch Funk zur Datenübertragung. Die Sensoren benötigen allerdings Batterien. Beide Funksysteme sind nicht kompatibel. Aktoren für Licht, Heizkörper etc. stehen ebenfalls zur Verfügung, ebenso Dimmer-Zwischenstecker zum Funkbetrieb von Leuchten. Eine Besonderheit ist die RWE-SmartHome Zentraleinheit. Diese Box stellt die Verbindung einerseits zu den Sensoren und Aktoren und andererseits zum Internet her. Die Zentraleinheit ersetzt den PC. Mit ca. 245,00 Euro ist die RWE Lösung sehr günstig im Einstieg. Sie ist deshalb auch für kleine Objekte und Mietwohnungen geeignet. Alle Sensoren sind dank Funk kabellos, die meisten Aktoren können in die Steckdose gesteckt werden und die Zentraleinheit ist auch beweglich. Als Mieter kann man seine SmartHome Installation bei Wohnungswechsel einfach mitnehmen. Der Nachteil dieser „Zwischensteckerlösungen" ist allerdings ästhetischer Natur. Wer eine unsichtbare Technik möchte, muss auf Mobilität verzichten.

Die Programmierung ist denkbar einfach. Neue Sensoren und Aktoren lassen sich allein durch das Einsetzen der Batterien anlernen. Der Benutzer zieht die am PC-Bildschirm angezeigten neuen Geräte in den entsprechenden Raum und verknüpft dort beispielsweise den Fenster-Magnetschalter und den Raumthermostaten mit dem Heizkörperventil. Heizprofile aus Temperatur und Zeit lassen sich sehr einfach einstellen. Das System gibt automatisch sinnvolle Hinweise zur Optimierung. Nach der Programmierung wird der PC nicht mehr benötigt. Per Browser und Smartphone lassen sich jederzeit Stati abfragen und steuernd eingreifen.

Wer ganz schnell eine Automationslösung realisieren möchte, wer in einer Mietwohnung wohnt und schon an den nächsten Umzug denkt und wer mit 300,00 bis 400.00 Euro starten möchte, ist mit RWE SmartHome gut beraten.

IP-Symcon

Die Software IP-Symcon ist ein Alleskönner bzw. das Schweizer Taschenmesser unter den Homeautomation-Programmen. Die Software nutzt KNX, LCN, Enocean, Homatic, 1Wire, und weitere Systeme. USB, LAN, serielle Schnittstellen, selbst ISDN werden unterstützt. Die Software fungiert quasi als Dolmetscher zwischen den unterschiedlichen Systemen. So kann mit Hilfe von IP-Symcon ein Enocean Fensterkontakt einen KNX-Rolloaktor steuern. IP-Symcon lässt alle Freiheiten. Das bedeutet aber auch, dass der Programmierer schon eine Menge drauf haben muss, um ein IP-Symcon Projekt durchzuführen.

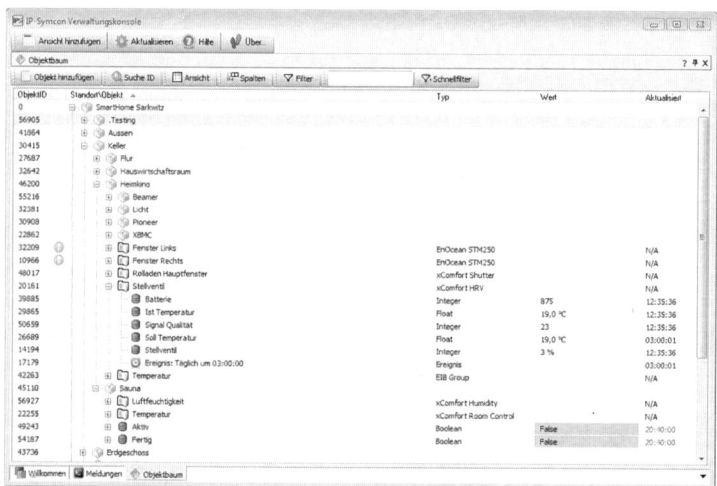

Das Musterhaus SmartHome Paderborn nutzt als Bussystem für die Grundfunktionalität LCN. Die Komfortfunktionen und die System übergreifenden Szenen wurden mit IP-Symcon realisiert. So lässt sich immer noch das Licht schalten, die Rollos fahren und die Tür öffnen, auch wenn der Gebäuderechner einmal defekt sein sollte, denn diese Funktionen erledigt LCN selbst. Erst die Kombination mit zusätzlichen Enocean Kontakten, Funk-

Fenstergriffen, Temperatur-Sollwertgebern, mit IP Kameras, SmartMeter, RFID-Türöffner und Heizkesselsteuerung erledigt IP-Symcon.

Das Bild zeigt den öffentlichen Zugang zur Bedienungswebsite des SmartHome Paderborn www.webfront.info. Probieren Sie es aus!

Mit IP-Symcon lässt sich jedes Projekt realisieren, aber bitte nicht ohne Programmier-Know-how und Fachkenntnissen. Ich persönlich bin ein Fan von IP-Symcon, habe mein Haus dann aber doch nicht damit realisiert, weil ich die Komplexität der Möglichkeiten nicht benötige.

TV-Netzwerk

Der moderne Mensch verbringt inzwischen viel Zeit vor dem TV-Gerät. Dieses entwickelt sich mehr und mehr zu einem universellen Kommunikationsbildschirm. Nur Fernsehprogramme sehen, die gerade ausgestrahlt werden, ist nicht mehr die Realität. Moderne TV-Geräte verfügen über einen LAN- und einen oder mehrere USB-Anschlüsse. Letztere sind geeignet, Festplatten zur Aufzeichnung des Programms anzuschließen. Der altbekannte Videorecorder hat ausgedient. Die RJ45 LAN-Schnittstelle verbindet das TV-Gerät mit unserem Ethernet LAN zuhause. Fotos und Videos lassen sich auf dem großen Flachbildschirm ebenso abspielen, wie Musik. Als Quelle kommt jedes andere Netzwerkgerät im LAN in Frage.

Durch den Einsatz von Infrarotsendern im LAN, z.B. IR-Trans ist es uns möglich, jedes TV-Gerät aus dem LAN heraus in allen Funktionen, die über eine Infrarot-Fernbedienung erreichbar sind, zu steuern. Damit lassen sich ganz normale TV-Geräte in die Hausautomation einbinden. Mit einem Klick kann beispielsweise folgende Szene realisiert werden:

- TV an
- Soundsystem an und auf TV schalten
- Rollo runterfahren
- TV auf Mediaplayer schalten
- Zugriff auf Videoverzeichnis des Medienservers im Netzwerk
- Licht auf 30% dimmen

Per Fernbedienung oder APP auf dem Smartphone wird nun im angezeigten Verzeichnis am PC das Video ausgesucht, das angeschaut werden soll. Fertig!

Die Nutzung des aktuellen Fernsehprogramms ist nicht auf TV-Geräte beschränkt. Es gibt verschiedene Produkte, die sich beispielsweise an die SAT-Anlage anschließen lassen und die empfangenen Programme als Server im LAN zur Verfügung stellen. Jedes Netzwerkgerät, also PC, Laptop, iPad oder Android-Pad kann nun Bild und Ton des Lifeprogramms abspielen. Das Pad wird so zum zeitweiligen Küchenfernseher.

Das Bild zeigt den IR-Trans Infrarot Sender und Empfänger.

Daneben gibt es Internet-TV der beiden großen Telekommunikationsanbieter.
Hier werden TV Programme beim Provider auf das Internetformat umgesetzt und über das Internet und das LAN zum Endgerät PC oder TV-Settopbox transportiert. Internet-TV setzt eine Bandbreite von mindestens 16 Mbit/s voraus, für jedes Programm das angesehen werden soll. Das Angebot ist deshalb wohl eher etwas für die größeren Städte mit garantiert schnellem Internet.

Kabel und SAT

Für den Empfang der digitalen Kabel-oder SAT-Programme wird ein spezieller Receiver benötigt. In einigen Spitzen-TV-Geräten ist dieser bereits eingebaut. Manche Receiver verfügen über einen LAN-Anschluss und bieten die empfangenen Programme anderen Geräten im LAN an. Auch die Aufzeichnung auf Netzwerkfestplatten (NAS = Network Attached Storage) ist möglich und macht Sinn. Allerdings spielen die unterschiedlichen Videoformate den Nutzern so manchen Streich. Die Gerätehersteller haben berechtigte Angst davor, von den Filmrechteinhabern verklagt zu werden, wenn sie Filme und Fernsehbeiträge z.B. über ein Netzwerk weiterverteilen. TV-Komfort, nämlich jeden Film zu speichern und überall auch zeitversetzt verfügbar zu machen ist deshalb weniger ein technisches Problem, als ein juristisches.

Internet-TV

Die beiden großen Telekommunikationsprovider Deutsche Telekom und Vodafone bieten Internet-TV über ihr DSL-Kabelnetz an. Benötigt wird eine spezielle Settopbox für jedes TV-Gerät. Die gewählten Life-TV-Programme werden als IP-Pakete durch das Internet zur Settopbox geschickt, dort zwischengepuffert und dann wieder für das TV-Gerät aufbereitet. Der Life-Stream des TV-Programms wird dazu auf eine Festplatte in der Box geschrieben. Das TV-Gerät liest die Daten dann quasi von der Festplatte. Bei mehreren Settopboxen im Heimnetzwerk kann beispielsweise ein Film im Wohnzimmer angeschaut werden. Wenn Sie im Schlafzimmer weiterschauen wollen markieren sie die Stelle des Abbruchs im Wohnzimmer und schalten dort den Fernseher aus. Später im Schlafzimmer schalten Sie den dortigen Fernseher ein und schauen den Film exakt an der Stelle weiter.

Dazu greift der Schlafzimmerfernseher auf die Festplatte der Settopbox des Wohnzimmers zu.

Die Settopbox unterscheidet nicht mehr woher Bild und Ton kommen. Vom Satelliten, aus dem Internet, von der Festplatte oder von Netzwerkspeicher. Auch für den Nutzer bietet sich dadurch eine ganz neue Art des TV-Erlebnisses.

TV-Verkabelung

Auch wenn sich über das LAN inzwischen hervorragend fernsehen lässt, Sie sollten im Neubau noch nicht auf eine Fernsehkabel-Infrastruktur verzichten. Im Bestand ist sie sowieso vorhanden. An die Stellen, an denen Sie TV-Geräte installieren wollen, sollten Sie jeweils zwei Mal LAN und zwei Mal digitaltaugliches Koaxialkabel vorsehen. Aktuelle Dämpfungswerte gegen Einstrahlungen liegen bei 100 db. Schlechtere Kabel sollten Sie nicht verwenden.

Viele moderne TV-Geräte verfügen über so genannte Doppeltuner. Einer dient der TV-Echtzeitdarstellung, der andere zur Aufzeichnung eines anderen Programms auf einer eingebauten oder per USB angeschlossenen Harddisk. Auch bei nicht so teuren TV-Geräten macht die Doppel-Koaxialleitung Sinn. Es lässt sich dann immer noch ein separater Tuner/Harddisk-Recorder anschließen.

Skype per TV

Skype, der kostenlose Videokonferenzdienst ist inzwischen auch auf besseren Fernsehgeräten angekommen. 3D-Fernseher sind leistungsfähig genug, um Skypen zu können, ohne PC natürlich. Das TV-Gerät muss selbstverständlich im LAN und im Internet kommunizieren können. Auch wird eine USB-Kamera benötigt. Per Fernbedienung wird die Anwendung gestartet und der gewünschte Skype-Partner irgendwo auf der Welt angerufen. 2012 waren passende Geräte von Panasonic, Sony und Samsung im Handel. Ich bin mir sicher, dass bald alle Hersteller mit ähnlichen Angeboten folgen werden. Wenn man dann noch berücksichtigt, dass viele Video-Securitysysteme im Alarmfall eine Skype-Adresse anwählen, hat sich die Integration von IP-Security-Kamera und TV-Gerät quasi von allein vollzogen.

Das Bild zeigt ein TV-Gerät mit Kamera. Im linken Fenster ist das eigene, ausgehende Bild zusehen, im rechten Fenster das Bild des Partners.

Skype per TV ist inzwischen auch besonders bei wenig PC-affinen Senioren beliebt. Mit dieser Art von Videokonferenz bleiben Familien weltweit in Kontakt, ohne das alle Familienmitglieder einen PC oder Laptop haben müssen und bedienen können müssen.

Telefonie

Die Telefonie gehört zu den wichtigsten Kommunikationsdiensten im normalen wie auch im smarten Home. Die Telefonie hat in den letzten 20 Jahren eine enorme technische Entwicklung durchgemacht, die wir als Nutzer oft gar nicht wahrgenommen haben. Wir telefonieren heute ausnahmslos digital, auch mit einem billigen analogen Telefonapparat. Die analogen Signale werden spätestens an der Anschlussbox meist an der Straße digitalisiert. Ohne Digitalisierung wäre es nicht möglich, die Menge an Informationen über den Kupferdraht zu schicken.

Telefonie und SmartHome bedeutet, dass beispielsweise der Fernsehton abgeschaltet wird, wenn im gleichen Raum das Telefon klingelt. Auch lassen sich Steuerfunktionen per Telefon aufrufen. Das Telefon nimmt dann die Funktion einer Fernbedienung war.

Waren bis vor kurzem Nebenstellenanlagen (analog oder ISDN) für ein Einfamilienhaus mit mehreren Apparaten auf verschiedenen Stockwerken und einem eigenen Nummernkreis für Eltern, Senioren, Fax und Kindern Usus, können wir heute neue Konzepte ohne Telefonanlage nutzen.

ISDN

ISDN ist ein digitales Telefonnetz, das überwiegend in Europa und besonders in Deutschland verbreitet ist. Über ein Adernpaar kommen Sprache und Daten ins Haus. DSL hat ISDN was die Datenübertragung angeht weit überholt. Ursprünglich kam ISDN mit zwei Anschlüssen. Die Grundgebühr für ISDN war geringer als die für zwei analoge Leitungen. Inzwischen sind die Tarife geändert. Für einen Privathaushalt macht ISDN keinen Sinn mehr. Wer ISDN jedoch hat und vielleicht sogar in teure Endgeräte investiert hat, sollte aber auch nicht wechseln.

Analoge Telefonie

Die analoge Telefonie ist die Ursprungstechnik seit Graham Bell und drohte zumindest in Deutschland durch ISDN verdrängt zu werden. Als ISDN in Europa Einzug hielt und nach damaligen Verhältnissen relativ schnelle Datenverbindungen möglich machte, dachte noch niemand an DSL. DSL setzt aber auf dem simplen analogen Kupferkabel auf, wie sie in den USA und Asien Standard waren und sind. Analoge Telefonapparate sind billig, der Anschluss unkompliziert, da nun auch die Deutsche Telekom den international üblichen RJ11 (Western) Stecker verwendet und nicht mehr das aufwändige TAE-Konzept.

VoIP

Die VoIP-Technologie (Voice over IP), also Stimme über das Internet-Protokoll, hat die Telefonie revolutioniert. Dabei wird bereits im Telefon oder im PC die Sprache digitalisiert und in Datenpakete umgewandelt. Diese Datenpakete werden dann prinzipiell wie alle anderen IP-Pakete auch über das Internet verschickt. Am Bestimmungsort werden sie im PC oder den VoIP-Telefon wieder in Sprache umgewandelt.

Voip-Telefon der Berliner Firma snom

Vorteile:

- Die spezielle Telefonverkabelung entfällt
- Das Internet ist der Vermittler. Spezielle Wählmechanismen zur Leitungsvermittlung entfallen
- Egal wie weit die Sprache (in den digitalen Paketen) übertragen wird, sie ist rauschfrei, denn die Ursprungsinformation wird auf dem Transportweg nicht verändert.
- Konferenzschaltungen sind nur noch ein Software-Feature
- Jedes elektronische Gerät, das einen Lautsprecher, ein Mikrofon und einen Internetanschluss hat, kann als VoIP-Telefon arbeiten. Also auch jeder PC oder LapTop. Und auch jeder Fahrkarten-oder Geldausgabeautomat könnte VoIP-Telefon sein.
- IP-Telefone sind über ihre IP-Adresse erreichbar. Bei einem VoIP-Provider, wird dann eine Zuordnung von IP-Adresse und öffentlicher Rufnummer vorgenommen. Wenn Sie kostenlos im Internet surfen können, können Sie auch kostenlos telefonieren. Voraussetzung, sie kennen die IP-Adresse ihres Gesprächspartners.

Nachteile:

- Analoge Telefone verbrauchen keinen Strom. VoIP-Telefone sind eigentlich kleine Computer. Die Elektronik verbraucht auch dann etwas Strom, wenn nicht telefoniert wird. Deshalb haben viele VoIP-Telefone externe Netzteile. Besser ist es, zur Stromversorgung auf Power over Ethernet (PoE) zu setzen. Dabei werden die Telefone über das LAN versorgt.
- Die Zuordnung der Telefonnummer ist nicht ortsgebunden. So wäre es möglich, sich eine Telefonnummer aus Las Vegas zu registrieren, auch wenn das Telefon im

Sauerland steht. Für Notrufdienste (110/112) ist es dann nicht einfach herauszufinden, wo es beispielsweise brennt.

- Manche Leute empfinden es als Nachteil, dass neben den Daten auch die Telefonie über ein und dasselbe Kabel läuft. Statistisch und real ist es gleichgültig, ob analog, ISDN oder VoIP. Letztlich laufen alle Gespräche heute digital als VoIP-Gespräche zwischen den Ämtern. Und sollte wirklich einmal ein Bagger das Internetkabel wegbaggern, hilf das allgegenwärtige Handy als Not-Kommunikationsweg.

Setzen Sie auf VoIP. Nutzen Sie beispielsweise die Fritz!Box als DSL-Zugang, lassen sich dort alte analoge Apparate, schnurlose-DECT-Telefone und VoIP-Telefone anschließen. Den Zugang zum „Amt" realisieren Sie mit einem Provider Ihrer Wahl, beispielsweise SIPGATE. Von dort erhalten Sie Ihre öffentliche Telefonnummer und die Zugangsdaten. Sie können „Prepaid" Ihr Konto aufladen und bei vielen Providern auch „Postpaid" die verbrauchten Telefoneinheiten zahlen.

Heizung, Lüftung, Klima, Energie

Im Haushalt ist das Thema „Wärme" besonders konstenrelevant. In der Vergangenheit waren Kohle, Gas und Öl nicht so teuer, dass man sich ernsthaft Gedanken über Einsparungen machen musste. Das hat sich grundlegend geändert. Wichtig ist auch die simple Erkenntnis, dass es besser ist, den Wärmebedarf zu reduzieren, als effizienter zu heizen.

Was können wir im SmartHome tun? Als erstes gilt es, Wärmeverlust zu vermeiden. Dazu hilft die Bauphysik durch Dämmung der Wände, bessere Fenster und Vermeidung von Kältebrücken. Für Neubauten und Sanierungen gibt es entsprechende Verordnungen. Architekten sind hier in aller Regel sehr gut informiert. Aber nicht immer geht das so einfach. Wenn man außen auf Fachwerkhäuser eine 30cm Dämmschicht aufbringen würde, wäre der Charakter des Fachwerkhauses verschwunden. Eine entsprechende Dämmschicht innen, reduziert die Räumgröße. Bei alten Häusern spricht manchmal der Denkmalschützer ein gewichtiges Wort mit. Nicht alles ist machbar. Dennoch sollte die Gebäudehülle nach besten Möglichkeiten gestaltet sein und im Winter die teuer erzeugte Wärme bewahren. Gleichzeitig sollten die Räume im Sommer vor Überhitzung durch direkte Sonneneinstrahlung geschützt werden. Intelligente Systeme nutzen die kühlen Stunden am frühen Morgen und öffnen Dachluken und Fenster einen Spalt, um durch natürliche Konvektion das Gebäude ohne Klimaanlage abzukühlen. Soviel zu den baulichen Maßnahmen. Doch die werden durch smarte Funktionen erst richtig effizient.

Einzelraumregelung

In Wohngebäuden sollen unterschiedliche Räume zu unterschiedlichen Zeiten unterschiedliche Temperaturen haben. Im Büro ist das anders. Alle (genutzten) Büros und Besprechungsräume sollen/dürfen die gleiche Temperatur aufweisen. Zumindest zu „Bürozeiten". Das Schlafzimmer mögen die meisten Menschen gern etwas kühler, den Wohnraum und die Küche wärmer. Die Kinderzimmer sind gleichzeitig Wohn- und Schlafraum. Optimal wäre es, wenn es tagsüber warm und nachts kühler wäre. Im Bad sind unsere Temperaturwünsche sehr zeitabhängig. Wenn man morgens aus dem Bett kommt, soll es mollig warm sein, danach ist die Temperatur eigentlich egal. Wir brauchen also eine Einzelraumregelung mit einem Zeitverlauf.

Die Technik

Die erste Erkenntnis ist, dass Heizkörperventile von einem Steuersystem beeinflussbar sein müssen. Von den bekannten Herstellern gibt es entsprechende Heizkörperventil-Stellantriebe sowohl für klassische Heizkörper, als auch für Fußbodenheizung. Entweder werden sie per Kabel mit 230Volt oder 24Volt versorgt und vom Bussystem angesteuert. Interessant sind Funklösungen. Diese funktionieren durch Batterien oder im Falle von Enocean-Produkten sogar durch Energy Harvesting. Dabei wird ein Akku im Stellantrieb durch ein Peltier-Element aufgeladen, welches den Temperaturunterschied zwischen dem Warmwasservorlauf und der Umgebungstemperatur nutzt. Die Funktionsweise von Peltier-Elementen können Sie bei Wikipedia nachlesen. Das ist ein spannendes Thema.

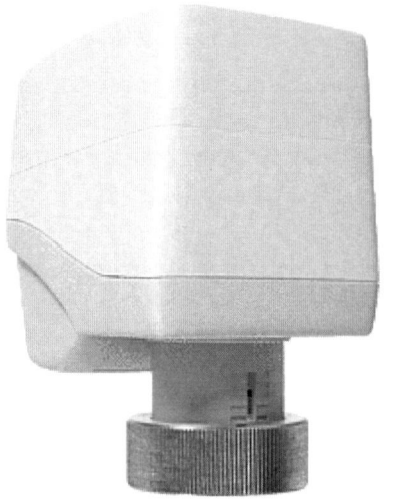

Die Abbildung zeigt einen Enocean Funk-Stellantrieb von Kieback & Peter mit Batterien.

Dieser Antrieb misst auch die Temperatur (am Heizkörper). Man könnte daraus auf die Raumtemperatur schließen, besser ist es jedoch, diese im Raum zu messen. Dazu gibt es Raumthermometer. Diese messen neben der Temperatur oft auch die Luftfeuchtigkeit. Einige Modelle haben ein Einstellrad, mit dem sich eine Solltemperatur manuell einstellen lässt.

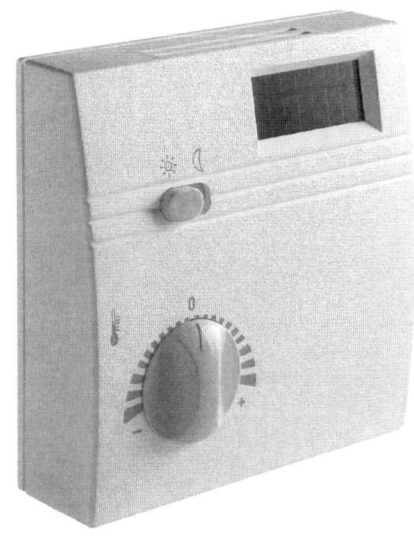
Die Abbildung zeigt ein Raumthermostat. Ein Photovoltaikfenster dient der Eigenversorgung. Das Gerät benötigt keine Batterien, verfügt allerdings über einen Batteriehalter z.B. bei Einsatz in dunklen bzw. fensfensterlosen Räumen.

Das Thermostat sendet in regelmäßigen Zeitabständen die gemessenen Werte an die Zentrale. Diese entscheidet dann, ob das entspreche Heizkörperventil geöffnet oder geschlossen wird. Die abgebildeten Kieback & Peter Ventile lassen nicht nur die beiden Positionen „auf und zu" zu, sondern Stufen dazwischen. Es kann sogar aus der Ferne abgefragt werden, wie weit das Ventil geöffnet ist. Wichtig für die Entscheidung ob das Ventil öffnet, schließt oder einfach so bleibt, ist auch die Zeitvorgabe. Der Fußboden im Bad soll beispielsweise zwischen 07:00 und 09:30 25°C betragen, danach reichen 19° und zwischen 22:00 und 23:30 sollen es dann wieder 25° sein. Ein einfacher (Software) Timer in der SmartHome Steuersoftware reicht für die Realisierung zusammen mit dem Raumthermostat aus.

Mit Hilfe von Bewegungsmeldern lässt sich feststellen, ob ein Raum genutzt wird. Ungenutzte Räume, z.B. Gästezimmer, Arbeitszimmer, Besprechungsräume, etc. schaltet das SmartHome einfach auf eine niedrige Temperaturstufe. Manche SmartHome-Softwareprodukte lassen den Import von externen Daten, beispielsweise als XML-Datei zu. So kann ein Kalender oder Raumbelegungsplan herangezogen werden, um die Heizung raumbezogen effizient zu steuern. Es gibt Hotels, da fragt der Rezeptionist den Gast, ob er Messegast oder Tourist sei. Messegäste verlassen morgens das Hotel und kommen erst abends wieder (Zimmer kann tagsüber kalt sein). Touristen kommen während des Tages schon häufiger ins Hotel. Eine starke Temperaturabsenkung ist nicht erwünscht.

Fensterüberwachung

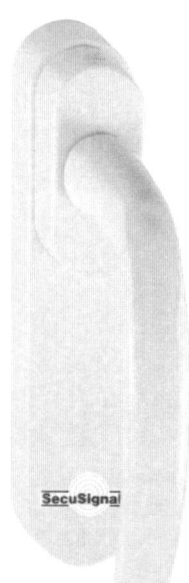

Kennen Sie das auch? Morgens schnell duschen, Fenster auf Kipp, denn das Bad ist voller Dampf. Die Kaffeemaschine und der Toaster sind fertig. Und schnell ins Büro. Am Abend stellt man dann fest, dass das Badezimmerfenster den ganzen Tag schräg offen war. Was hat das Heizkörperthermostat getan? Genau das, was es sollte. Wenn es kühler wird erhöht es die Warmwassermenge des Heizkörpers. Wir haben durch unser Fenster also dafür gesorgt, dass der Heizkörper maximal zum Fenster hinaus geheizt hat. Dies gilt es zu verhindern. Im SmartHome ist das ganz simpel.

Die Abbildung zeigt einen funkenden Fenstergriff der Firma Hoppe. Diese Secusignal-Griffe lassen sich ganz einfach mit einem Kreuzschraubenzieher austauschen. Wird der Griff gedreht, erzeugt eine im Griff eingebaute Mimik genug Energie, um den jeweiligen Zustand des Fenstergriffs an die SmartHome-Zentrale zu senden.

Alternativ dazu gibt es Magnetschalter. Diese bestehen aus zwei Teilen, einem Magneten und dem dazugehörenden Sensor. Werden Sensor und Magnet getrennt, meldet dies der Sensor.

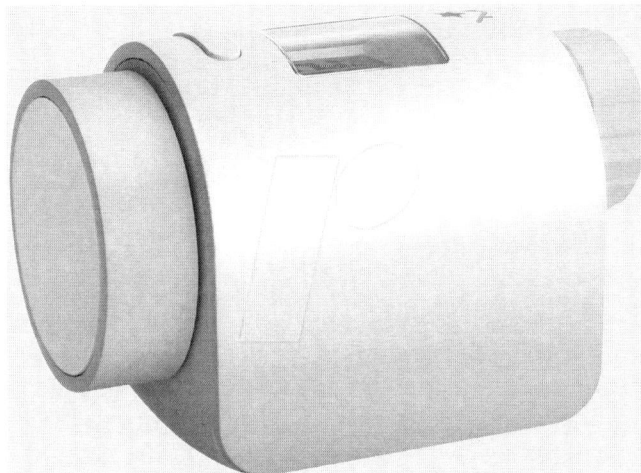

Das Bild links zeigt ein Heizkörper-Stellventil von RWE-SmartHome mit Display und manueller Eingriffsmöglichkeit.

Heizkesselsteuerung

Die optimale Steuerung des Heizkessels bzw. des Brenners ist komplex. Das ist wirklich etwas für Spezialisten. Der Brenner soll nur dann laufen, wenn Wärme für die Fußbodenheizung und die Radiatoren benötigt wird. Gleichzeitig soll ein Trinkwasservorratsbehälter jederzeit warmes Wasser zum Duschen bereitstellen. Kommen dann noch Solarthermie-Panele zur Aufwärmung des Heizungswassers durch Sonneneinstrahlung dazu oder ein wasserführender Kaminofen wird es für den Laien unüberschaubar.

Grundsätzlich sollten Sie dem Handwerker und Planer gegenüber eine gesunde Skepsis an den Tag legen. Die Wärmepumpe ist nicht immer die richtige Lösung, manchmal kann auch die Brennwert-Therme die optimale Lösung sein. Es kommt immer auf das Gebäude und das Umfeld an.

Alte Gebäude optimieren

Wenn Sie ein Haus aus den 50er und 60er Jahren mit schlechter Dämmung optimieren wollen, und unterschiedliche Temperaturanforderungen an die einzelnen Raume stellen, sollten Sie sich mit der bedarfsgerechten Heizungs-Regelung beschäftigen. Grundsätzlich sind Heizungssteuerungen so aufgebaut, dass ein Außenfühler misst, ob Heizbedarf besteht. Ein Raum im Gebäude fungiert als Referenzraum. Aus beiden Werten ermittelt eine Steuerung, ob der Brenner gestartet wird, oder nicht. Das ist unabhängig davon, ob Heizkörper aufgedreht werden, oder nicht. Das bedeutet, dass die Außentemperatur wesentlich den Öl-/Gas-Verbrauch beeinflusst, weil sie dafür sorgt, dass die Heizung Wärme bereitstellt, auch wenn die Heizkörper sie nicht abfordern.

Schlauer ist es, ohne Außenfühler zu arbeiten und die Einzelraumregelung zu nutzen, um daraus abzuleiten, ob Gas bzw. Öl verbrannt wird oder nicht. Solche Regelungen gibt es. Allerdings sind Fußbodenheizungen dafür zu träge. Wenn Sie sich für dieses spezielle Thema interessieren finden sie viele Informationen dazu im Internet. http://www.haustechnikdialog.de/Forum/p/1494462

Mikro-BHKW

Mikro-Blockheizkraftwerke sind inzwischen finanziell erschwinglich. Sie werden durch einen konventionellen Diesel-, Gas- oder einen Sterlingmotor angetrieben und erzeugen gleichzeitig Strom und Wärme. In dieser Gleichzeitigkeit liegt oft das Problem. Braucht man im Sommer Strom aus dem Mikro-BHKW, fällt immer auch Wärme an. Wohin damit? Umgekehrt möchte man im Winter heizen, erzeugt dann aber mehr Strom als man selbst verbrauchen kann.

SmartMetering

Seit 2010 müssen Neubauten und totalsanierte Häuser mit elektronischen Zählern ausgestattet werden. Entgegen der von Politikern gelegentlich geäußerten Meinung, können elektronische Verbrauchszähler grundsätzlich nicht mehr, als die alten, bekannten so genannten Ferraris-Zähler. Erst durch Zusatzelektronik werden sie kommunikativ und könnten die Zählerstände elektronisch übertragen. Daran könnten die Stromanbieter ein Interesse haben, sparen sie doch die manuelle Ablesung. Dazu müsste aber eine eichrechtlich sichere, manipulationsfeste und aus Datenschutzgründen auch abhörsichere Übertragungsleitung zur Verfügung stehen. Der Datenschutz rechnet Zählerdaten zu den personenbezogenen, besonders schützenswerten Daten. Das Bundesamt für die Sicherheit in der Informationstechnik (BSI) hat Anfang 2012 die Rahmenbedingungen für eine Zulassung von Übertra-

gungseinrichtungen für SmartMeter festgelegt. Die Anforderungen sind hoch und nicht einfach realisierbar. Das dazu verabschiedete Gesetz regelt auch die Eichintervalle. Sie liegen deutlich unter denen der mechanischen Zähler .Die Kosten für die notwendige Infrastruktur sind erheblich. Kein Wunder, dass die Stromanbieter sich eher zurückhaltend geben. Der Gesetzgeber und insbesondere das Wirtschaftsminis-

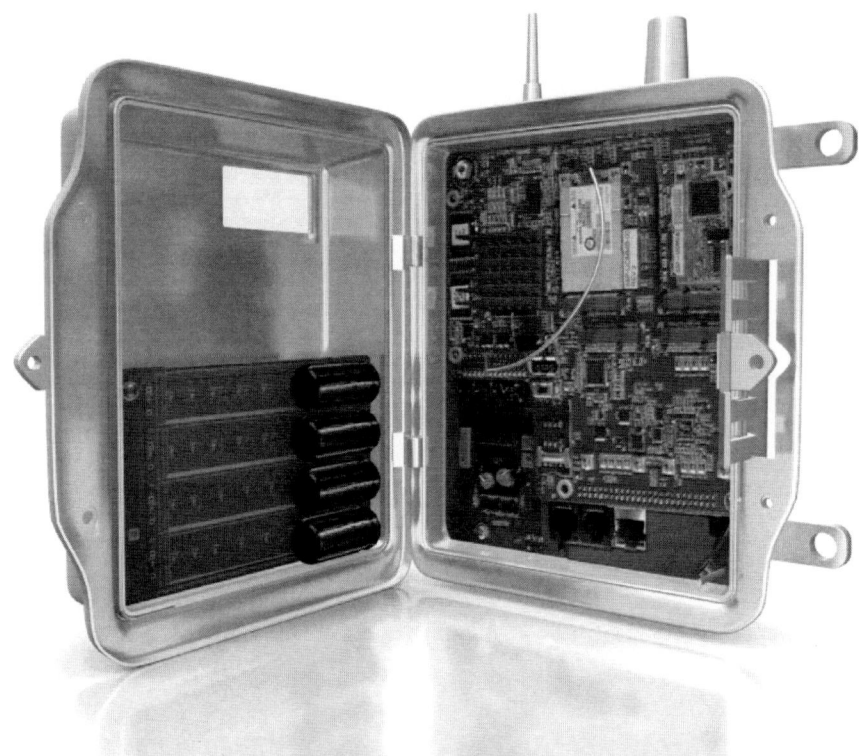

terium will SmartMeter für jeden Haushalt und zwar für Strom, Gas, Wärme und Wasser. Die eigentlich gute Idee ist, wenn jemand zeitnah erfährt, wie viel Strom oder Gas sein Haushalt verbraucht, kann er sein Verhalten anpassen und sparen. Dazu sollen die Haushalte jederzeit Zugriff auf die Messdaten der SmartMeter bekommen. Die aktuellen

Verbrauchswerte lassen sich auf PC, SmartPhone, Tablett-PC oder speziellen Energiedisplays anzeigen.

Die Erfahrung aus vielen Testinstallationen in ganz Europa hat gezeigt, dass private Endkunden sehr schnell die Lust daran verlieren, die Zählerstände abzurufen. Man schaut sich ein paar Tage lang an, wie viel Watt sich das Bügeleisen und die Kaffeemaschine aus dem Stromnetz nehmen. Dann ist die Neugier bedient. Es ändert sich ja nichts. Ein billiges Wattmeter von Aldi als Zwischenstecker hätte das allerdings auch geleistet.

Die meisten Softwarepakete für SmartHomes sind in der Lage, Verbrauchswerte aus SmartMetern auszulesen und anzuzeigen bzw. die Informationen zu verarbeiten. Es ist beispielsweise machbar, den Gesamt-Stromverbrauch zu „deckeln". Möchte ein Programm, ein Schalter oder Sensor einen Verbraucher zuschalten, und würde dadurch ein vorgegebener Verbrauchswert überschritten, verhindert das SmartHome Programm dies. Da muss die Elektroheizung der Waschmaschine halt ein paar Minuten warten, wenn gleichzeitig die Gans im Backofen gebraten wird. In einigen Ländern Europas gibt es auch für Privatkunden Verträge mit einer oberen Stromlastbegrenzung. Eine Überschreitung dieses Spitzenwerts hätte tarifliche Strafzahlungen zur Folge. In solchen Fällen zahlt sich die Deckelung des Verbrauchs sehr schnell aus. Bei Industrie- und Handwerkskunden sind Verträge mit vereinbartem maximalen Stromverbrauch dagegen üblich.

Photovoltaik, Windenergie und BHKW

Sollten Sie in Ihrem Haus selbst Strom erzeugen, haben Sie neben dem Verbrauchszähler auch einen Zähler für den von Ihnen erzeugten Strom. Für jede kWh die Sie ins öffentliche Stromnetz einspeisen, bekommen Sie eine Vergütung. Für die Nutzung von selbsterzeugtem Strom gibt es vom Staat sogar einen Bonus. Es ist also sehr sinnvoll, die eigenen Verbraucher dann laufen zu lassen, wenn selbst erzeugter Strom – beispielsweise durch Solarenergie – zur Verfügung steht. Eine smarte Software kann bei Stromüberfluss Duschwasser erwärmen, den vorbereiteten Trockner starten, das E-Mobil oder die Nachtspeicherheizung aufladen.

Sicherheit durch SmartMeter im SmartHome

Per SmartHome Software können wir die Werte der SmartMeter auslesen. Aber es geht nicht nur um Verbrauch, sondern auch um Sicherheit. Bleibt beispielsweise ein Wasserzähler niemals stehen, bedeutet dies, dass irgendwo in unserem Wasserrohrsystem ständig Wasser läuft. In einem Haushalt wäre das sehr ungewöhnlich. Es ist also zu vermuten, dass ein Rohrbruch vorliegt. Gleiches gilt auch für Gas, was zweifellos gefährlich wäre. Dies kann eine SmartHome Software auswerten und rechtzeitig warnen. Sprechen Sie mit Ihrem Versicherungsagenten. Einige Sachversicherer geben einen ordentlichen Rabatt, wenn ein Gebäude entsprechend ausgestattet ist und so Schäden vermieden werden.

EE BUS

Ein Hoffnungsschimmer zu mehr Standardisierung und zu einer voll interoperablen Technik ist der EE BUS. Hierbei handelt es sich um ein vom Wirtschaftsministerium gefördertes Projekt, das quasi als Schicht oberhalb der einzelnen Systeme für deren Interoperabilität sorgt.

Der EE BUS ist nicht einfach ein weiteres Bussystem. Vielmehr beschreibt der EE BUS die Nutzung bestehender Kommunikationsstandards, und -normen mit dem Ziel, Energieversorgern und Haushalten den Austausch von Anwendungen und Diensten zur Erhöhung von Komfort und Effizienz zu ermöglichen.

Die Verbindung von Bestehendem und Neuem

Bezogen auf den Energieversorger bildet der EE BUS die Schnittstelle zwischen hausinterner Kommunikation und dem Energieversorger. Zu diesem Zweck stellt der EE BUS eine anwendungsneutrale, normierte Schnittstelle bereit. Diese verbindet die IP-Welt des Smart Grids und des SmartPhones mit den heute noch dominierenden Nicht-IP-Netzen im Bereich der Home Automation. Bezogen auf den Haushalt integriert er den gesamten Sensor- und Aktorkosmos – marken- und Gewerke übergreifend – in ein durchgängiges Kommunikationssystem – für ein effizientes Energiemanagement und mehr Komfort zu Hause. Als offener Standard soll der EE BUS die herstellerunabhängige Kommunikation unterschiedlichster Netzteilnehmer ermöglichen. Die hieraus entstehende Vernetzung wird auf die existierenden standardisierten Protokolle übertragen. Die in diesem Zusammenhang nötigen Spezifikationsanpassungen in existierenden Standards der Haus- und Gebäudeautomation werden gemeinsam mit den verantwortlichen Organisationen erarbeitet und sollen entsprechend in den jeweiligen Protokollen übernommen werden. Neben den traditionellen Domänen dieser Standards können somit in Zukunft notwendige Funktionen des intelligenten Lastmanagements bei der Stromverteilung und sich abzeichnender neuer Serviceangebote abgebildet werden.

Im Verbund mit starken Partnern

Der EE BUS integriert die gesamte Leistungskette – beginnend beim Stromzähler bis hin zu den unterschiedlichen elektrischen Geräten im Haushalt oder Industrieunternehmen. Und zwar im Sinne einer bidirektionalen Kommunikation. Hierfür findet das EE BUS-Konzept in der Industrie breite Unterstützung. Zahlreiche Hersteller von Haushalts-/Elektrogeräten und Industrieautomatisierungen haben sich dem technologischen Ansatz des EE-Busses bereits angeschlossen.

Bestandteil von E-Energy

Aus dem Förderprojekt E-Energy heraus entstand der EEBus als unabhängiges Konzept einer Vernetzung von Energieerzeugern und -verbrauchern. Letztere versetzt er in die Lage, Strom dann zu nutzen, wenn er günstig ist und sogar zu wählen, ob sie primäre oder erneuerbare Energie verwenden wollen. In diesem Sinne bietet er eine umfassende Lösung zur Steuerung des Energieverbrauchs.

Heute (2012) ist der EE BUS noch nicht Realität. Es ist zu erwarten, dass ab 2016 erste kompatible Marktprodukte verfügbar sein werden. Die Herstellet von Hard- und Software werden die Europäischen Standardisierungsbemühungen beobachten und sich im EE BUS e.V. engagieren.

Ausblick

SmartMeter sind wichtig für die Transparenz der Verbrauchsdaten. Sie sind noch viel wichtiger, um die Energiewende hin zu bekommen. Die Stromindustrie spricht vom Smart-Grid, dem intelligenten Strom-Netzwerk.

Tagsüber und bei gutem Wetter erzeugt Bayern mit Photovoltaik Stromüberschüsse, nachts fehlen diese Megawatts. Im Wattenmeer und in der Ostsee wird sehr viel Strom erzeugt, der irgendwie in die Ballungszentren von Rhein und Ruhr und nach

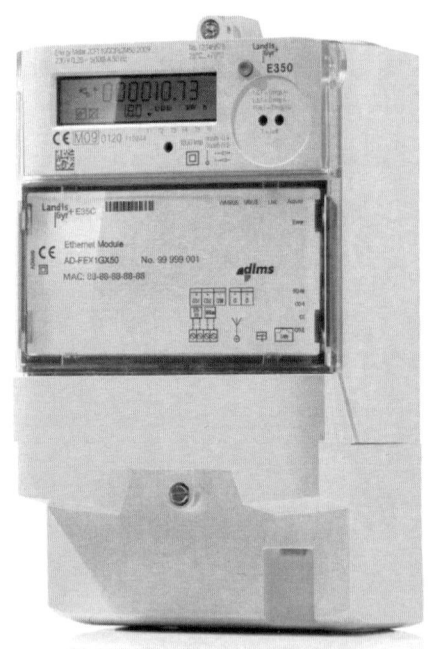

Süddeutschland transportiert werden muss. Dazu brauchen wir neue, leistungsfähigere Stromtrassen und eine intelligente Verteilung. Bis vor kurzer Zeit wurden immer dann Kernkraftwerke und Gaskraftwerke hochgefahren, wenn der Verbrauch dies erforderlich machte. Solar- und Windkraftwerke kann man nur abschalten, nicht aber hochfahren. Unser Verbrauch muss sich also am Angebot orientieren, nicht umgekehrt. Das wird zu neuen Tarifen führen. Billigstrom bei Überangebot und deutlich teurerer Strom bei einem zu geringen Angebot. Um dies künftig leisten zu können, brauchen wir intelligente, vernetzte SmartMeter, die IT-Infrastruktur auf der Anbieterseite und das SmartGrid.

Das SmartGrid benötigt am Ende des Netzwerks SmartHomes. Denn nur sie sind in der Lage, mit dem SmartGrid zu kommunizieren und auf die Billig- und Teuerangebote sinnvoll zu reagieren. Insofern ist jedes SmartHome auch ein Baustein in eine neue bessere Energiewelt.

SmartMeter sind nicht intelligent, sie zählen Verbräuche und stellen die Werte elektronisch bereit. Ein SmartHome kann sich diese Daten zunutze machen und entsprechend unserer Vorgaben schalten und walten. Künftig werden auch die Energienetzbetreiber Daten aus den SmartMetern lesen, um Angebot und Nachfrage so zu koordinieren, dass möglichst viel Strom aus regenerativen Quellen zum Einsatz kommt.

Die vernetzte Küche

Unter Energieeffizienz-, Sicherheits- und Komfortgesichtspunkten ist die Einbeziehung von Haushaltsgeräten in das vernetzte Heim ausgesprochen sinnvoll. Leider gestaltet es sich schwieriger als gedacht. Derzeit sind vernetzbare Haushaltsgeräte noch sehr teuer. Die mögliche Einsparung durch Verwendung billiger Energie über die Lebenserwartung eines guten Haushaltsgerätes ist geringer, als die Mehrkosten für die Vernetzung. Allein aus Spar-Gründen sollte man also nicht in die vernetzte Küche investieren. Wer allerdings sicherstellen möchte, selbsterzeugten Strom aus regenerativen Quellen für den Wäschetrockner zu verwenden, sollte die Technik nutzen.

Miele@home

Mehrere Entwickler und Anbieter von so genannter „weißer Ware", also Waschautomat, Trockner, Kühlschrank und Tiefkühlgerät, Backofen, Kochfeld, Dampfgarer, Dunstabzugshaube, Geschirrwärmer etc haben sich Europaweit auf einen Standard für die Kommunikation dieser Geräte geeinigt. Sowohl die physikalische Schnittstelle als auch die Protokolle sind standardisiert. Bisher hat allerdings nur das Unternehmen Miele solche Geräte im Einsatz bei Kunden. Die einzelnen Geräte haben ab Werk ein Kommunikationsmodul, das die Daten des Gerätes, die sonst nur der Techniker mit seinem Laptop auslesen kann, bereitstellt. Diese Informationen werden mit einem besonderen PowerLine-Verfahren (nicht dLan) über die Stromleitung übertragen. Ein Service-Gateway hört den „Funkverkehr" der Haushaltsgeräte ab und stellt Statusmeldungen aller Geräte auf einem Webserver im lokalen Netzwerk bereit. Dieses Gateway ist also der Mittler zwischen unseren IP-Geräten im lokalen Netzwerk und den Haushaltsgeräten. Somit können alle aktiven Geräte im lokalen Netzwerk sich die Daten der Haushaltsgeräte über das Gateway abholen und Aufträge für die Geräte hinterlegen.

Flexible Home-Automation-Softwareprodukte ziehen sich diese Daten aus dem Gateway und stellen sie auf ihrem Bildschirm dar. Beispielsweise die Restlaufzeit der Geschirrspülmaschine oder die aktuellen Temperaturen des Tiefkühlschranks. Richtig sinnvoll wird es, wenn ein Alarmwert gesetzt wird. Also wenn die Tiefkühltemperatur nicht die gewünschten -18° aufweist, sondern vielleicht nur -14°. Die Automationssoftware kann nun aktiv werden und je nach Vorgabe den Hausbewohnern eine SMS senden, eine Sprachausgabe über das Multiroom-Soundsystem machen oder den Security-Dienstleister informieren (vergl. dazu SmartHome Security-Protokoll).

Kühlen

Vor einer Idee möchte ich warnen. Immer wieder hört man, dass es sinnvoll ist, bei Stromüberschuss die Kühltruhe auf -22° und tiefer herunter zu kühlen und bei Strommangel diese bis auf -15° auftauen zu lassen. Zwei Gründe sprechen dagegen. Erstens: Die Erfahrung hat gezeigt, dass das Kühlgut zu Gefrierbrand neigt, wenn die Temperaturunterschiede zu groß werden. Zweitens, Gefriergeräte mit aktuellem A+ Standard oder besser werden nicht mehr ein- und ausgeschaltet wie Billiggeräte. Vielmehr wird die Drehzahl des Kompressor-Mmotors sehr fein geregelt, um mit möglichst wenig Strom die Vorgabetemperatur zu halten. Würden wir hier einfach ein-/ ausschalten, verlören diese Geräte ihre A+ Energieeffizienz. Es ist allerdings zu vermuten, dass die Industrie spezielle Kühlgeräte für Solarhaushalte anbieten wird, die dann im Ein-Aus-Modus betreibbar sind. Für Großkühlanlagen gelten meine Bedenken allerdings nicht, da dort ganz andere Prozesse zur Anwendung kommen.

Spülen

Bei Geschirrspülern sieht es in der Praxis nicht viel besser aus. Sowie das Wasser die Reinigungs-Pads benetzt, startet ein chemischer Prozess, der sich nicht elektrisch unterbrechen lässt. Ist die Spülmaschine also gestartet, gibt es kein Anhalten mehr, ohne den Reinigungserfolg zu gefährden. Spülmaschinen gehören auch nicht zu den großen Stromverbrauchern. Da hat die Industrie in den vergangenen Jahren sehr gut gearbeitet und die Verbräuche optimiert. Wer sparen möchte und eine Warmwasserversorgung über die Heizung hat, sollte überlegen, die Spülmaschine an den Warmwasser- und nicht an den Kaltwasseranschluss anzuschließen. So spart man das elektrische aufheizen des Wassers. Auskunft, ob die eigene Maschine dafür geeignet ist, gibt der Fachhandel.

Übrigens sind in den allgemein für ihr Umweltverhalten wenig gerühmten USA seit vielen Jahren Waschmaschinen und Spülmaschinen mit Warm- und Kaltwasseranschluss ausgestattet. Auch deutsche Hersteller beliefern ihre Kunden in USA mit solchen Maschinen.

Waschen und trocknen

Besonders Trockner gehören noch zu den großen Stromverbrauchern im Haushalt. Inzwischen sind so genannte Wärmepumpentrockner auf dem Markt. Ihr Anschaffungspreis liegt deutlich oberhalb der bekannten Geräte, durch die Wärmepumpentechnik verbrauchen sie deutlich weniger Strom. Solche Geräte eignen sich immer dann, wenn beispielsweise durch Kinder oder berufsbedingt viel Wäsche anfällt, die man auch trocken möchte.

Waschautomaten wurden im Bezug auf Wasser- und Stromverbrauch in den letzten Jahren hervorragend verbessert. Auch wenn diese Geräte sehr lange halten, Miele hat eine Lebenserwartung von mehr als 18 Jahren – lohnt häufig der Neukauf, auch wenn das alte Gerät noch funktioniert, weil Strom- und Wasserverbrauch die Investition wieder einspielen. Anders sieht es aus, wenn man vom Stadtwerk günstig angebotenen Strom verwenden will und dafür eine fernschaltbare Maschine kauft. Die Mehrkosten für „SmartGrid Ready", wie Miele diese Funktion nennt, rechnen sich heute (2012) noch nicht. Es gibt im Internet Vorschläge, die Steckdose der Waschmaschine oder des Trockners fernschaltbar zu machen. Die Maschine wird dann eingeschaltet, mit Wäsche und Waschmittel geladen, das Programm wird gewählt und an der Maschine eingeschaltet. Dann wird der Strom am Fernschalter getrennt und wenn Billigstrom angeboten wird, schaltet man den Strom für die Maschine wieder ein. Das mag für viele Geräte tatsächlich so funktionieren, allerdings nicht für alle. Viele Maschinen erkennen den „Stromausfall" und warten auf eine Bedienerinteraktion. In jedem Fall ist der elektrische Wasserstopp ohne Strom und damit ausgeschaltet. Ich möchte Ihnen lieber keinen Rat geben, wie Sie hier verfahren sollen. Wenn Sie sich für die „Brutalvariante" einfach Strom-Aus entscheiden, sollten Sie einen zusätzlichen Wasserwarner verwenden. Die Fernschalt-Steckdose kann über jedes Bussystem geschaltet werden, sogar über simple Zwischenstecker, solange die Strombelastung durch die Maschine vom Zwischenstecker geleistet wird. Wenn Sie einen Schaltaktor verwenden, der Strom messen kann, lässt sich daraus sogar ableiten, ob die Maschine noch läuft, oder schon fertig ist. „Fertig" bedeutet über einige Minuten fließt (fast) kein Strom. Dieses Ereignis kann als Indikator dienen, am Haus-Display oder Handy anzuzeigen, dass die Maschine das Waschprogramm beendet hat. Die Messung des Stromverbrauchs kann auch dazu dienen, beim Verlassen des Hauses zu signalisieren, dass die Maschine noch läuft. Ihr Hausratversicherer mag es nämlich gar nicht, wenn Wasser führende Geräte unbeaufsichtigt arbeiten.

Dieses Verfahren führt bei guten Trocknern nicht zum gewünschten Ergebnis, weil diese am Ende des Programms in den „Knitterschutz-Modus" gehen. Dabei dreht sich die Trommel regelmäßig ein paar Umdrehungen, damit die getrockneten Kleidungsstücke nicht einknittern. Ggf. kann man den Knitterschutz auch abwählen.

Kochen

Kochen, egal ob Kaffee oder Menü, zu Strom-Billigzeiten muss man wohl eher differenziert sehen. Denn meinen Kaffee mache ich mir zuhause, wenn ich Kaffee trinken will und nicht nachts um vier, weil der Strom günstig ist. Es ist zu erwarten, dass Strom in Zukunft zur morgendlichen „Frühstückszeit" besonders teuer sein wird. Trotzdem werde ich dafür nachts nicht aufstehen, um die Thermoskanne zu füllen.

Für Selbst-Stromerzeuger ist der Eigenverbrauch sinnvoll und finanziell interessant. Es bietet sich an, mit eigenem Strom zu Kühlen und zu Waschen. Die Ersparnis durch Billigtarife der Stromanbieter reicht allerdings nicht aus, die Mehrkosten für „intelligente Hausgeräte" zu kompensieren. Einfache Schaltlösungen sind ggf. einsetzbar. Per Verbrauchsstrommessung lässt sich ohne Eingriff und mit jeder Maschine ermitteln, ob das Programm beendet ist. Die ist eine interessante Komfortinformation, besonders wenn der Waschautomat im Keller steht und man sein „Piepsen" nicht hört.

Security

Neben Energieeffizienz und Komfort spielt die Sicherheit im Smart Home eine entscheidende Rolle. Es ist Fakt, dass mit zunehmendem alter Menschen auch sensibler mit dem Thema Sicherheit umgehen. Das SmartHome kann in Punkto Sicherheit einiges bieten. Doch eins muss gleich am Anfang klargestellt werden: SmartHome-Sensoren und eine noch so ausgefeilte Alarmierung werden vom VDS, dem Verband der Sachversicherer nicht als Alarmanlage anerkannt. Haben Sie also einen echten Rembrandt zuhause und schreibt Ihnen Ihre Hausratversicherung eine VDS-Alarmanlage vor, müssen Sie eine solche auch installieren, auch wenn sie weniger leistet, als Ihr SmartHome-Alarmsystem.

Als erstes sind die Sensoren zu nennen, die eigentlich für die Energieeffizienz angeschafft wurden: Fensterkontakte, Funkfenstergriffe, Bewegung- bzw. Präsenzmelder. Diese sind auch für die Erkennung ungebetener Besucher relevant. Der letzte, der das SmartHome verlässt, schaltet den Alarmmodus ein. Das kann per Taster, per Handy oder Fingertipp auf dem Display erfolgen. Von nun an werden die Sensoren zusätzlich als Alarmsensoren verwendet. Öffnet nun jemand ein Fenster, oder erkennen die Bewegungsmelder „Leben" im Haus, kann es nur ein Einbrecher sein. Ab sofort läuft das Alarmprogramm, das sehr individuell sein kann. Möchte man stillen Alarm und Benachrichtigung eines Sicherheitsdienstleisters, oder lieber das ganze Abschreckungsprogramm? In der Regel ist es eine gute Idee, Einbrecher zu erschrecken und zu vertreiben, bevor sie ernsthaften Schaden durch Vandalismus anrichten.

Abschreckung kann so aussehen:

- In allen Räumen und auch im Garten und in der Einfahrt Licht einschalten. Vielleicht können Sie das Licht sogar pulsen lassen, um die Dramatik zu erhöhen

- Alle Rollos hochfahren, damit die Polizei hineinsehen kann). Auch bei Brandwarnung: Sonst kommen Sie nicht raus und die Feuerwehr nicht rein. Rollo-Hochfahren gilt ebenso bei Gewitter und Hagel. Rollläden halten Hagel weniger gut aus, als Glasscheiben.

- Elektrisch betriebene Tore, Türen, auch Terrassentüren öffnen und die Einbrecher zur Flucht animieren

- Eine Sprachansage über das Soundsystem: „Sie wurden entdeckt! Wachschutz und Polizei wurden alarmiert. Von Ihnen wurden Videos und Fotos aufgezeichnet und außerhalb des Hauses gespeichert. Verlassen Sie sofort das Haus!" Na, wer sucht denn da nicht automatisch das Weite?

Vermeiden Sie, die Einbrecher durch Maßnahmen in die Enge zu treiben. Das kann zu gefährlichen Situationen führen. All dies bekommen Sie im SmartHome ohne zusätzliche Hardware, sondern einfach durch die intelligente Verknüpfung vorhandener Funktionen. Und wie macht man das Alarmsystem wieder „unscharf"? Falls Ihr Haus über einen RFID-Leser als Türöffner verfügt, können Sie diesen nutzen. Sowie ein „Berechtigter" die Haustür öffnet, schaltet das SmartHome in den Normalmodus. Andere Möglichkeiten sind die Eingabe einer Zahlenfolge am Bildschirm oder die Erkennung der Hardwarekennung eines Mobiltelefons über die Bluetooth-Schnittstelle. Da gibt es viele gute Möglichkeiten.

Einbindung von IP Kameras

Kameras erfüllen zwei Aufgaben. Zum einen signalisieren sie potentiellen Einbrechern, Bettlern, Hausierern, aber auch übermütigen Kindern und Jugendlichen, dass hier aufgepasst und aufgezeichnet wird. Gelegenheitseinbrecher suchen sich einfachere Objekte. Zum anderen dokumentieren Kameras die Tat und den oder die Täter.

Das Bild zeigt eine nachsichtfähige Kamera mit einem Kranz von Infrarot-LEDs zur Objektbeleuchtung. Die Kamera ist durch en Dom Geschützt. Foto: Allnet

Ich kann aus eigener Erfahrung sagen, dass mir zweimal mein Auto im Carport von Kindern beschädigt wurde. Beim zweiten Mal hatte ich aber schon eine Kamera installiert. Die Fotos haben den Eltern gar nicht gefallen und es hat sich sehr schnell herumgesprochen, dass ich da keinen Spaß verstehe.

Zur Abschreckung ist es sinnvoll, dass man die Kamera auch sofort als solche erkennt. Meine Kamera ist zwar außer Reichweite eines Menschen aber deutlich sichtbar. Sie blinkt sogar, wenn Daten übertragen werden. Auch die Kamera, welche die Rückseite des Gebäudes überwacht ist sichtbar und signalisiert potentiellen Einbrechern: „hier wirst Du nicht glücklich". Wichtig ist es, dass nur und wirklich nur das eigene Grundstück überwacht wird und nicht der öffentliche Raum, sonst machen Sie sich strafbar. Moderne IP-Kameras sind jedoch sehr gut einstellbar. Auch empfiehlt es ich, das offizielle Symbol für „Videoüberwachter Bereich" anzubringen. Dann kann jeder selbst entscheiden, ob er Ihr Grundstück betreten möchte, oder nicht.

Piktogramm „Videoüberwachung" nach DIN 33450

Der Preisbereich von IP-Kameras ist gewaltig. Es gibt ordentliche Kameras für unter 100,00 Euro und welche für über 1.000 Euro. Wo sind die Unterschiede? Ich setze bei mir beide Klassen ein. Eine wetterfeste, nachtsichtfähige Outdoorkamera die ich seit zwei Wintern im

Einsatz habe, kostete ca. 159,00 Euro, komplett. Dafür gibt es LAN und WLAN, Infrarotoptik und passende Beleuchtung, eine Auflösung von 640 X 480 Bildpunkte und eine zuverlässige Software. Eine andere bietet nur Tageslicht, ist allerdings sehr lichtstark und löst mit 1 Mio. Bildpunkte brillant auf. Diese Kamera kostet 640,00 Euro. Die zweite Kamera ist auch mit Mikrofon und Lautsprecher ausgestattet und erlaubt die Sprachkommunikation mit Besuchern. Beide Kameras können Bewegungen erkennen. Doch Vorsicht: Die Bewegungserkennung von Kameras beruht darauf, dass sich die Inhalte von Bild zu Bild unterscheiden. Dies ist auch bei Regen der Fall, oder bei Wind, wenn sich Büsche und Bäume bewegen. Gute Kameras lassen es zu, dass Fenster im Bild definiert werden, die dann quasi ausgeblendet werden.

Auch im Gebäude machen Kameras Sinn. Vielleicht wollen Sie sehen, ob Ihre Putzfrau pünktlich erscheint oder was Ihre Haustiere machen. Kameraeinsatz hat immer etwas mit Privatsphäre zu tun. Jeder muss für sich abwägen, was wichtig ist.

Übrigens lassen sich IP-Kameras auch automatisiert abschalten. Beispielsweise werden sie nur dann aktiviert, wenn das Gebäude in den Sicherheitsmodus geht. Sind Bewohner im Haus, werden mit der Alarmanlage auch die Kameras deaktiviert.

Wo speichert man Videos und Fotos?

Ganz sicher nicht dort, wo Einbrecher sie vermuten und mitnehmen können. Also nicht auf dem Gebäuderechner, zumindest nicht nur. Mieten Sie sich Online-Speicherplatz an. Die Angebote reichen von kostenlos bis zu wenigen Euro. Der Gebäuderechner kopiert neue Videos und Fotos automatisch alle 3-4 Sekunden vom lokalen Speicher auf den Onlinespeicher „in der Cloud". Sie können auf die lokale Speicherung auch ganz verzichten und das Bildmaterial ausschließlich im Internet abspeichern. Dort sind die Aufnahmen sicher und bei Bedarf leicht verfügbar.

Eine gute PC-Software, um vier Kamerabilder gleichzeitig in Echtzeit zu betrachten ist der kostenlose IP-camera-viewer. http://www.deskshare.com/lang/ge/ip-camera-viewer.aspx.

Für Android gibt es eine ähnliche gute, kostenlose Software: den IP Cam Viewer von Robert Chou finden Sie im Android Market.

Alarmierung per SMS und E-Mail

Gute Gebäudeautomationssysteme bieten den Versand von Status- und Alarmmeldungen per E-Mail und SMS. Betreff-Text und Meldungstext sind in der Regel frei einstellbar. Ebenso die Liste der Empfänger. SMS ist ein kostenpflichtiger Dienst und vom PC aus nicht direkt erreichbar. Die meisten Anbieter gehen den Umweg über E-Mail. Das bedeutet, es wird eine E-Mail zu einem Provider geschickt, der daraus eine SMS macht. Beide Dienste, SMS und E-Mail garantieren nicht die Zustellung und schon gar nicht innerhalb eines vorgegebenen Zeitraums. Sie können als weder sicher sein, dass die Meldung ankommt noch wann sie ankommt. Für kritische Alarmmeldungen, beispielsweise Feuer, Wasserrohrbruch, Einbruch sind diese Dienste also nur informativ zu verwenden. Bedenken Sie auch Ihr eigenes Verhalten: Im

Theater, Kino und bei wichtigen Besprechungen ist Ihr Handy (hoffentlich) aus oder stumm. Sie würden also vom Alarm gar nichts mitbekommen. Trotzdem sind Statusmeldungen per SMS und E-Mail sinnvoll.

Zugangssysteme

Wer darf in mein Haus und wann? Wer darf welche Tür öffnen? Möchte ich einen mechanischen Schlüssel, Fingerabdruckleser, Chipkartenleser oder die Tür per Handy öffnen? Ich kann Ihnen diese Entscheidung nicht abnehmen, möchte Sie aber so informieren, dass Sie diese Entscheidung fundiert treffen können.

Schlüssel

Mechanische Schlüssel haben Nachteile. Man kann sie vergessen und verlieren. Wer sie findet und weiß, auf welches Schloss sie passen, hat Zugang, immer und jederzeit. Sie haben auch einen Vorteil. Sie funktionieren auch ohne Strom.

Die elektronischen Schlüsselsysteme brauchen Strom. Bei Stromausfall funktionieren sie nicht. Zum Glück passiert das in Mitteleuropa sehr selten und dann auch nur kurze Zeit. Wer trotzdem sicher gehen will, sollte auf ein mechanisches Schloss an einer der Türen zum Haus nicht verzichten und den Schlüssel dazu irgendwo sicher deponieren. Aber so, dass er auch bei Stromausfall drankommt.

Fingerabdruckleser benötigen nur den/die Finger als Schlüssel und seine Finger hat man immer dabei. Inzwischen ist die Technik auch für den Betrieb außerhalb des Gebäudes ausgereift und finanziell erschwinglich.

Das Bild zeigt einen Enocean Kartenschalter, der sich ohne Verkabelung und ohne Batterien sogar auf eine Glasscheibe kleben lässt.

Chipkarten-und RFID Leser

RFID (Radio Frequency IDentification) sind kleine Schaltkreise, die sich in Schlüsselanhänger, Plastikkarten, Autoschlüssel, Handies, aber auch unter der Haut anbringen lassen.

Das Bild zeigt ein RFID-Lesegerät von SmartOpen, das auch den RFID-Code von Autoschlüsseln lesen kann.

Letzteres geschieht bei Menschen relativ selten, bei Haustieren ist es zur Erkennung Gang und Gäbe. Diese RFID-Chips, RFID-Tags genannt, sind jeweils einmalig. Sie lassen sich an ein Lesegerät anlernen und auslernen. Hier liegt einer der großen Vorteile: verlorene Haustürschlüssel führen zur Auswechslung des Schlosses. Verlorene RFID-Chips werden einfach aus der Liste der gültigen Chips ausgetragen und sind damit für die Tür wertlos. Im Gegenteil, falls jemand mit einem ungültigen Chip kommt, kann sogar ein Alarm ausgelöst werden. RFID Leser gibt es schon ab knapp 24 €, eingebaut in einem wetterfesten Gehäuse ab ca. 100 €. Das in der Abbildung gezeigte „SmartOpen" liegt in dieser Preisklasse.

Man kann mit dem Lesegerät direkt die Tür öffnen lassen. Das SmartOpen verfügt über einen potentialfreien Kontakt mit dem man den „Schnepper" in der Türzarge betätigen kann. Das funktioniert aber nur bei einfach zugezogenen Türen. Versicherungsjuristisch sind diese Türen zwar geschlossen, aber nicht verschlossen. Man benötigt also einen Türantrieb, der per Motor den Riegel ein- und ausfährt. Auch dies lässt sich mit SmartOpen bewerkstelligen. Wirklich smart ist das aber noch nicht. Erst wenn der RFID-Leser den Chip erkennt und die Nummer an den Hausrechner sendet und dieser dann aufgrund Ihrer Vorgaben aktiv wird, haben wir eine echte SmartHome-Anwendung. Denn so kann unser System viel mehr, als nur die Tür öffnen. Alle Bewohner bzw. Familienmitglieder und auch die Putzfrau haben unterschiedliche Karten. Die Familie darf immer ins Haus, die Putzfrau vielleicht nur mittwochs zwischen 9:45 und 10:15. Das prüft der Rechner ab und öffnet dann oder auch nicht. Sie können hinter Ihre RFID-Kennung im Hausrechner hinterlegen, dass Ihr PC gestartet wird, wenn Sie nach Hause kommen oder der Fernseher eingeschaltet und auf N-TV Geschaltet werden soll. Sie haben alle Möglichkeiten, weil der RFID-Leser nur ein weiterer Informationslieferant im Netzwerk ist. Einige meiner Beratungskunden haben ihren Schulkindern ein RFID-Tag in die Schultasche geklebt. Darauf lässt sich besser aufpassen, als auf einen Schlüssel und wenn die lieben Kleinen nach Hause kommen und die Haustür öffnen, bekommt die Mama eine SMS. Spannend finde ich, seinen Autoschlüssel an die eigene Haustür anzulernen. Fast alle Autoschlüssel enthalten heute einen RFID-Chip für die Wegfahrsperre.

Türöffnung per Handy

Das Mobiltelefon ist inzwischen ständiger Begleiter vieler Menschen, außer Haus und auch im Haus. Es ist Nah- und Fernbedienung des Hauses. Warum also nicht auch mit dem Handy die Haustür öffnen. Es spricht nicht viel dagegen, außer vielleicht dass man das Handy verlieren kann oder es „leer-telefoniert" wurde und dann nichts mehr geht. Verfügt das Handy über Wireless-LAN, meldet es sich an die Station des eigenen Hauses automatisch an. Und schon hat man das Gebäudesteuerungsmenü auf dem Bildschirm des Handys und kann die Tür öffnen. Es ginge auch per Bluetooth. Das benötigt allerdings einen entsprechenden Empfänger. Eine weitere Möglichkeit ist es, eine spezielle Nebenstellennummer im Haus für die Türöffnung zu verwenden. Diese Nummer wird vom Mobiltelefon aus angerufen. Anschließend muss per Handytastatur ein Code eingegeben werden. Man könnte auch die so genannte IMEI, die eindeutige Nummer der Handy-Hardware, abfragen. Aber das klingt nicht nur kompliziert, das ist es auch. Schnell und sicher ist die WLAN-Methode. Voraussetzung das Handy ist am WLAN angemeldet, das Netzwerk ist gut verschlüsselt und Fremde Geräte werden per Router-Einstellung ausgesperrt. Den Internet-Zugang zur Gebäudeautomation sollte man so einrichten, dass Geräte aus dem internen LAN kein Passwort benötigen, externe Geräte über das Internet aber sehr wohl. Da das WLAN an der Gebäudemauer und Haustür nicht aufhört hat Ihr Telefon sicherlich auch draußen vor der Tür Empfang.

SmartHome Security Protokoll

Der SmartHome Bundesverband, die SmartHome Initiative Deutschland e.V. (www.smarthome-deutschland.de) und der Security-Anbieter Kötter Security haben ein Datenaustauschprotokoll vereinbart, mit dem sich SmartHomes auf die Sicherheitszentrale von Kötter aufschalten können. Stellt der SmartHome Rechner einen sicherheitsrelevanten Zustand oder ein Ereignis fest, setzt er eine Meldung an Kötter ab. In der Sicherheitsleitstelle sind an 365 Tagen im Jahr 24 Stunden Fachkräfte im Einsatz, die wissen, was zu tun ist. Es wird unterschieden zwischen den Ereignissen Einbruch, Überfall, Brand und SmartHome-Ereignisse.

Bei Feueralarm wird in jedem Fall automatisch die Feuerwehr gerufen. Bei den anderen Ereignissen verfahren die Sicherheitsprofis nach festgelegten Prozeduren. Sollte sich ein Einbruchalarm als echt herausstellen, wird selbstverständlich die Polizei verständigt und zusätzlich alle Leute auf einer persönlichen Alarm-Liste. SmartHome Ereignisse sind beispielsweise der Ausfall eines Tiefkühlschranks, oder der Heizung, Wasserrohrbruch, Gasgeruch, fehlende Reaktion des Internetanschlusses – es könnte jemand das Kabel gekappt haben - und vieles mehr.

Der Dienst ist kostenpflichtig. Es ist jedoch nicht notwendig, sein Haus an 365 Tagen im Jahr bewachen zu lassen. Registrierte Kunden schalten die Bewachungszeit im Internet selbst frei und nur für diese Zeit wird die Dienstleistung bezahlt. So kann man beruhigt in Urlaub fahren.

Das Protokoll wird in der SmartHome-Software auf dem SmartHome-Rechner eingebaut. Die Verbindung mit dem Security-Anbieter erfolgt selbstverständlich verschlüsselt.

Heim- und Telemedizin

Sinn und Zweck

In den Flächenländern Mecklenburg-Vorpommern, Brandenburg und Bayern bilden sich Konzentrationen von Ärzten in den Städten, während das Umland nur mäßig mit Medizinern versorgt ist. Gleichzeitig steigt die Anzahl der älteren Bürger bundesweit, besonders aber in den schlecht versorgten Gebieten. Anfahrtszeiten von über einer Stunde bis zum nächsten Allgemeinmediziner sind inzwischen keine Seltenheit mehr. Jeder Arztbesuch muss also geplant werden und stellt für viele Menschen besonders im Winter eine echte Herausforderung dar. Wie schön wäre es doch, wenn man nur noch für die Fälle zu Arzt reisen müsste, oder der Arzt zum zum Hausbesuch kommt, die wirklich die körperliche Anwesenheit notwendig

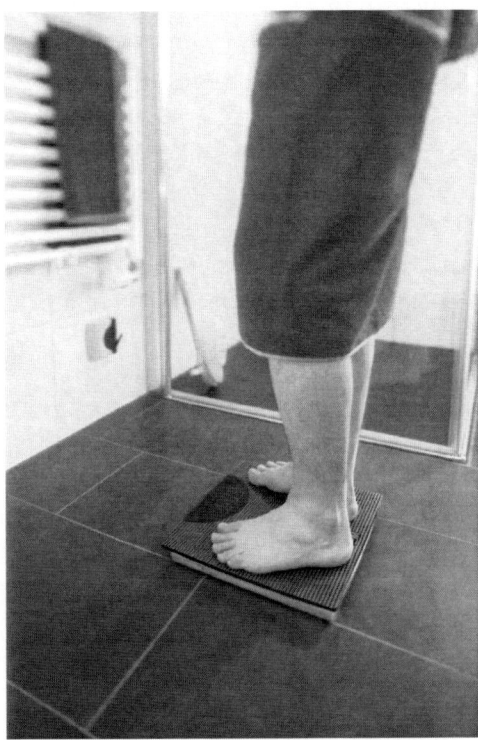

machen.

Heim- und Telemedizin machen dies möglich. In hunderten von Studien wurde belegt, dass durch Telemedizin die Gesundheitskosten gesenkt und gleichzeitig die medizinische Qualität gesteigert wird. Was hindert uns also daran, telemedizinische Technik zu nutzen? Die Gründe sind vielschichtig. Zum Einen darf ein Arzt per Gesetz nur Patienten behandeln, die körperlich vor ihm sitzen. Telemedizinische Behandlung (nicht die Ermittlung von Vitalparametern!) ist verboten. Ein weiterer Negativpunkt ist, dass die bisher angebotenen Geräte nicht wirklich für medizinische Laien geeignet waren, sondern sie erfüllten eher die Wünsche der Mediziner. Blutdruck- und Zucker-Messgeräte benötigen eine medizinische Zulassung, die wiederum von Medizinern vergeben wird. Dazu kommt, dass für die Übermittlung der Daten Telekommunikation vorhanden sein muss, die ebenso laiensicher wie datensicher sein muss. Schließlich handelt es sich um personenbezogene Daten. Es sollte aber nicht vergessen werden, dass die niedergelassenen Ärzte „mitspielen" müssen. Akzeptiert ein Arzt die elektronisch ermittelten und gespeicherten Blutdruckwerte nicht und besteht er auf persönlichem Erscheinen, ist halt nichts zu machen.

Inzwischen sind die Telekommunikationskanäle, beispielsweise per GSM Mobilfunk überall vorhanden und sicher. Es gibt Geräte, die sich selbst konfigurieren, beispielsweise nach einem Batteriewechsel, die ohne Anleitung bedienbar und noch nicht einmal hässlich anzusehen sind. Die allermeisten Ärzte haben kein Problem mit dem Einsatz der Technik mehr, weil sie gelernt haben, dass sie dadurch entlastet werden.

Geräte

Es gibt für fast alle Bedürfnisse die passenden Messgeräte. Blutdruck, Blutzucker, Körperwaage, Ein bis Drei-Kanal EKG, Bewegung und manches Spezialgerät mehr. Die Geräte kommunizieren mit einem Gateway, das die Daten sicher über das Internet in eine Patientenakte überträgt. Einige Hersteller nutzen das aus dem Handy und von Freisprecheinrichtungen bekannte Bluetooth zur Übertragung zwischen dem medizinischen Gerät und dem Gateway, andere den für medizinische Geräte geschaffenen Standard ANT.

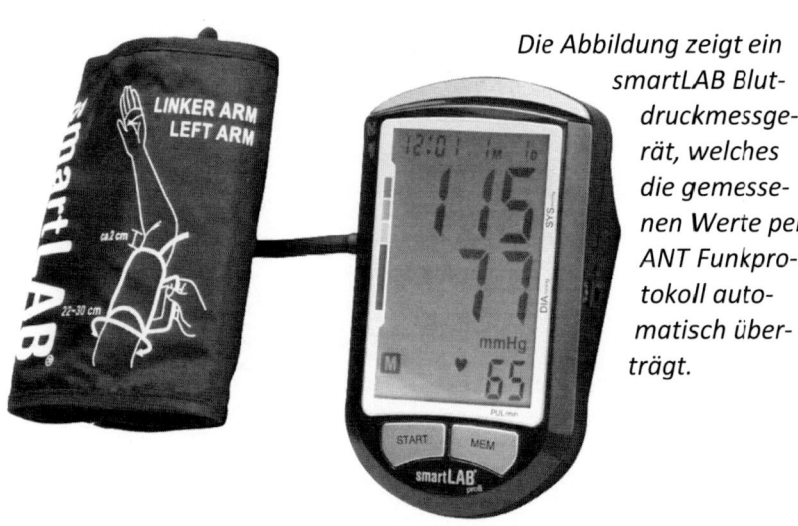

Die Abbildung zeigt ein smartLAB Blutdruckmessgerät, welches die gemessenen Werte per ANT Funkprotokoll automatisch überträgt.

Vernetzung und Software

Für ältere Leute sollte die Benutzung der Heim- und Telemedizin so einfach wie möglich sein. Deshalb sind Geräte vorzuziehen, die ohne Bedienereingriff ihre Daten auf Plausibilität überprüfen und sie übertragen.

Die Endgeräte kommunizieren in der Regel nicht direkt mit dem Internet sondern mit einem Gateway. Dadurch werden die einzelnen Geräte billiger und man kann je nach Einsatzzweck und örtlichen Gegebenheiten aus verschiedenen Übertragungswegen wählen: GSM/UMTS, DSL, ISDN, Kabel-TV-Modem, etc. Auch lassen sich mehrere Messgeräte an ein Gateway anschließen.

Beispiel:
Ein Patient ist übergewichtig, leidet als Folge davon unter Zucker und hat Bluthochdruck. Er setzt also eine Körperwaage, eine Blutzucker- und ein Blutdruckmessgerät ein. Für den Arzt sind nicht nur die einzelnen Werte, sondern auch der Zusammenhang zwischen aktuellem Gewicht, Blutzucker und Blutdruck interessant. Die Aufschreibung der Werte erledigt beispielsweise die Software „MyVitali". Die Arzthelferin hat in der Praxis den Patienten im MyVitali-Portal angelegt und die drei Geräte durch simple Eingabe der Seriennummer angelernt.

Die Abbildung zeigt hFon Collect. Es enthält ein GSM (Handy) Modem und sammelt Daten von ANT-Geräten, wie das gezeigte Blut-

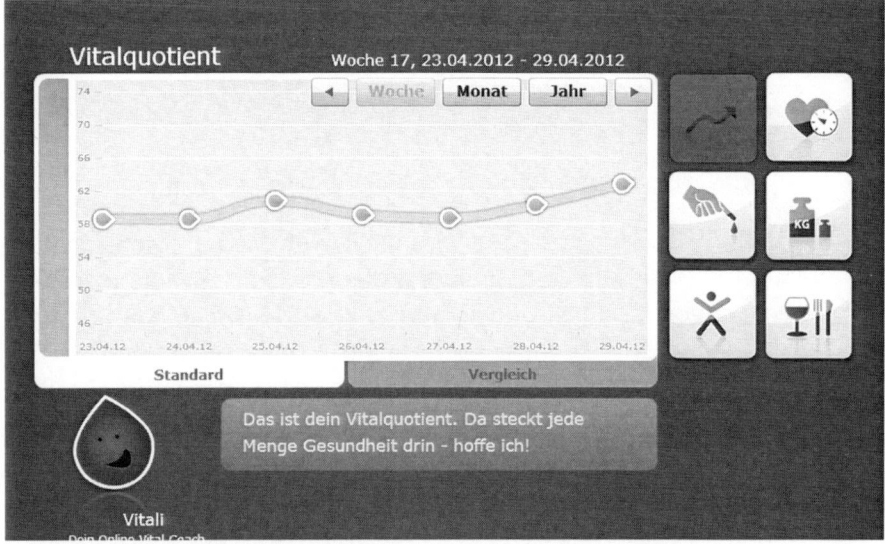

druckmessgerät ein und überträgt sie in die Patientendatei.

Werden die Batterien in die drei Geräte eingelegt, suchen sie ein Gateway, über das sie sich beim Portal melden. Dieses kennt die Seriennummern der Geräte bereits und ordnet sie dem registrierten Patienten zu. Immer wenn ein Messgerät neue Daten hat, meldet es sich automatisch beim Gateway. Der Arzt weist seinen Patienten in die Benutzung der Messgeräte ein und lässt sich die Erlaubnis geben, die Messwerte einsehen zu dürfen. Nun wird der Arzt mit dem Patienten vereinbaren, welche Ziele zu erreichen sind: Gewichtsreduktion, Blutzucker, Blutdruck. Es lassen sich ebenfalls Alarmwerte festlegen. Vergisst ein Patient beispielsweise an zwei aufeinanderfolgen Tagen zu messen, kann MyVitali einen Alarm auslösen und Angehörige, einen Pflegedienst oder die Arztpraxis benachrichtigt werde. Genauso verhält es sich, wenn Vitalwertgrenzen überschritten werden. Fertig. Nun kann der Patient die Geräte mit nach Haus nehmen und einsetzen. So mancher Gang zum Arzt bei Wind, Wetter und Glatteis lässt sich so einsparen und die Messergebnisse sind lückenlos dokumentiert.

Domotik-Sensoren für medizinische Zwecke nutzen

Normale Sensoren für Bewegung, Licht, sogar Lichtschalter, auch Domotik-Sensoren genannt, lassen sich für medizinische Zwecke nutzen. Herz- und nierenkranke Menschen müssen häufig die Toilette aufsuchen, auch nachts. Bleibt dies plötzlich aus, besteht eine hohe Wahrscheinlichkeit, dass etwas passiert ist. Vielleicht ein Sturz. Das Ausbleiben des Signals vom Bewegungsmelder im Bad oder die Tatsache dass der Lichtschalter im Bad nicht benutzt wird, kann ein Indiz dafür sein. Ein SmartHome kann dies erkennen und entsprechend reagieren. Beispielsweise indem Angehörige oder ein Pflegedienst eine SMS bekommen.

Das Bild zeigt einen Enocean Funk-Bewegungsmelder, der einfach unter die Zimmerdecke geklebt wird.

Ich möchte auf eine Besonderheit hinweisen: Stellen Sie sich vor, Sie haben Ihre Jalousien automatisiert. Sie Fahren jeden Tag um 07:00 hoch und um 21:30 herunter, auch im Urlaub als Anwesenheitssimulation. Die Jalousien werden das auch dann tun, wenn Sie gefallen sind und bewegungsunfähig am Boden liegen. Die Umwelt nimmt allerdings wahr, dass bei Ihnen alles so abläuft wie immer. Man sollte also immer daran denken, durch welche Aktion Hilfe herbeigeholt werde kann oder auch durch welches Weglassen von Aktionen.

Eisenbahnlokomotiven haben einen so genannten „Totmannschalter". Wird dieser nicht im vorgegebenen Zeitabstand gedrückt, bremst der Zug automatisch bis zum Stillstand. Bei gefährdeten Menschen und Kranken kann im übertragenen Sinne so eine Einrichtung, realisiert über die SmartHome Steuerung lebensrettend sein.

Visualisierung

Menschen sind visuelle Wesen. Wir wollen uns immer einen Überblick verschaffen und sehen, was Sache ist. Viele SmartHomes verfügen deshalb über einen Bildschirm – meist im Eingangsbereich – auf dem das Gebäude – meist als Grundriss – mit allen Sensoren und Aktoren dargestellt ist. So sehen wir, welches Fenster geöffnet ist, wo Licht brennt und wie warm es in welchem Zimmer ist. In der Regel sind diese Visualisierungsbildschirme berührungsempfindliche Touch-Monitore. Wir können also wie beim Smartphone per Fingertipp Licht ein- bzw. ausschalten, Rollläden öffnen und die Solltemperatur ändern. Auch wenn man so einen Bildschirm nicht unbedingt braucht, das ginge ja auch alles per Smartphone, werden sie sehr gerne eingebaut. Neben ihrer Funktion sind sie auch ein sichtbares Statussymbol. Seht her: ich kann mein Haus per Fingertipp steuern.

Zur Visualisierung von Sensoren und Aktoren benötigt man neben dem Bildschirm eine entsprechende Software. Da Grundrisse zumindest bei Einfamilienhäusern sehr individuell sind, muss der Grundriss in digitaler Form vorliegen. Vielleicht liefert dies der Architekt als Service, schließlich wird er das Haus nicht mehr am Zeichenbrett, sondern im Computer gezeichnet haben. Für unsere Zwecke ist eine absolute Maßgenauigkeit nicht gefordert. Mit dem kostenlosen Softwarepaket „Sweethome 3D" ist es nicht schwer, sein Haus vom gedruckten Plan auf den Bildschirm zu übertragen und dann den Plan als dreidimensionales Modell darstellen zu lassen. Wer dies nicht möchte, kann auch ein Foto als Hintergrund nehmen oder Sensoren und Aktoren tabellenartig darstellen.

Die Abbildung zeigt einen Touchbildschirm in der Tür zur Abstellkammer. Der hässliche Rand wurde später mit einer schicken Blende ansehnlich gemacht.

Eine gute Visualisierung gestattet es, auch „fremde" Quellen darzustellen, beispielsweise die Livebilder von IP-Kameras oder Verbrauchsdaten von Wasser, Strom und Gas. So hat man alle relevanten Informationen auf einen Blick. Näheres dazu finden Sie im Bereich Musterbeispiele.

Zentralbildschirm

Wie schon beschrieben ist ein sehr guter Ort für den zentralen Bildschirm der Hausflur. Wenn Sie nicht neu bauen oder total sanieren, werden Sie wohl ungern eine Wand aufschlagen wollen, um einen Bildschirm einzubauen. Sehr viel einfacher ist es, eine Tür, beispielsweise zur Abstellkammer entsprechend auszusägen. Am besten lassen sich industrielle Einbau-Touchdisplays verwenden (siehe Foto). Immer häufiger kommen All-in-One PCs auf dem Markt. Bildschirm, Rechner, Festplatte oder besser Solid-State-Disk, WLAN, LAN, USB, Touch-Oberfläche, alles in einem Gehäuse. Bei Verwendung eines All-in-One-PCs läuft auch das Home-Automation Programm auf dem Rechner. Bei Verwendung eines reinen Touch Displays benötigt man zusätzlich noch einen Rechner. Dieser ist in der Nähe zum Display zu montieren. Am besten an der Wand neben dem Display und nicht an der Tür. Zwischen Display und Rechner werden das Displaykabel (VGA, DVI oder HDMI), ein USB-Kabel wegen des Touch-Displays und ein Stromversorgungskabel benötigt. Manche Displays und All-in-One-PCs verfügen über eingebaute Lautsprecher. Diese werden normalerweise über USB Betrieben. Wenn nicht, ist bei Displays noch ein Lautsprecherkabel nötig, wenn das Gerät als Videotelefon verwendet werden soll.

Als begabter Heimwerker kann man die Laubsägearbeiten selbst machen, doch schöner wird es in der Regel doch, wenn ein Tischer diese Arbeit macht. Achten Sie auch darauf, dass Lüftungsschlitze der Elektronik nicht verschlossen werden. Hohe Temperaturen sind schlecht für die Lebenserwartung der Elektronik.

Ob All-in-On-PC oder Touch-Display mit verbundenem Minirechner, hier sind einige Schnittstellen zu bedienen. In der Regel soll der Gebäuderechner ins lokale Netzwerk eingebunden werden. Am besten realisieren Sie dies per LAN-Kabel. Klever ist es, auch den Router (Fritzbox) in der Nähe zu platzieren. Damit haben Sie schon viel vom „Kabelverhau" aus dem Sichtbereich gebracht. Geht LAN-Kabel nicht, schauen Sie im Kapitel Netzwerk nach, welche Infrastruktur die für Ihr Projekt geeignetste ist. Nun muss noch der Gebäudeautomationsbus angeschlossen werden. Hierzu bieten die unterschiedlichen Bussysteme entsprechende Koppler. Dazu später mehr. Hier geht es ja in erster Linie um das Display.

TV-Gerät

Grundsätzlich kann auch das TV-Gerät Präsentationsbildschirm der Gebäudeautomation sein. Viele neue TV-Geräte sind direkt ins LAN integrierbar und werden im LAN als Ausgabemedium gefunden. Eine Eingabe – schon gar nicht per Touch – geht allerdings nicht. Allerdings könnte man die Monitor-Schnittstelle (VGA, DVI, HDMI) mit besagten SmartHome Rechner verbinden. Per Funktastatur – am besten mit Bluetooth-Kommunikation wegen der Reichweite – lässt sich das Gebäude dann auch entsprechend bedienen.

Eine andere Aufgabe passt eigentlich besser zum TV-Gerät, nämlich die Darstellung von Security-Kamerabildern. Wenn Sie eine Kamera an der Haustür oder im Garten installiert haben, sind diese Bilder als IP-Datenstream im LAN vorhanden. So genannte Renderer sind für um die 100 € im Handel zu bekommen. Die Renderer nehmen den IP-Stream auf und wandeln ihn in VGA, HDMI bzw. DVI Signale um. Diese kann ein TV-Gerät wiederum direkt darstellen. Klingelt es an der Tür oder wollen Sie einfach einen Blick in den Garten werfen, wählen Sie einfach per TV-Fernbedienung den Kanal, z.B. HDMI-1 an und schon sehen Sie das Kamerabild.

Fernsteuerung

Die Fernüberwachung und Fernsteuerung des eigenen Hauses ist eins der wesentlichen Ziele, die fast jeder mit seinem SmartHome Projekt erreichen will. Es ist nicht nur sinnvoll, aus dem Urlaub einen Blick in den Garten zu werfen und gegebenenfalls den Rasensprenger einzuschalten, es ist auch für die meisten anderen Urlauber zu tiefst beeindruckend. Auch wenn manche Sie hinterher für einen Spinner halten, die meisten möchten auch gern so etwas haben, wissen aber nicht wie und/oder können es sich nicht leisten. Mir hat es schon Spaß gemacht, nach einer ausgedehnten und anstrengenden Bergwanderung die Sauna mit dem Handy einzuschalten, damit sie „auf Temperatur" ist, wenn man wieder zurück zu Hause ist. Für die Fernsteuerung kommt grundsätzlich jedes mobile Gerät in Betracht. Es gibt zwei Philosophien: Browseranwendung und App. Browseranwendungen sind Geräteunabhängig, Apps sind schneller.

Internet-Browser

Browseranwendungen sind unabhängig vom Gerät, auf dem sie ablaufen. Ob PC im Internetcafe, Android- oder Apple-Smartphone, alle Geräte, die über einen Internetbrowser verfügen sind für die Fernsteuerung geeignet. Allerdings dauert der Einwahlvorgang in der Regel einige Sekunden länger, denn zuerst muss der Browser geladen werden, der dann die Internetadresse des häuslichen SmartHome Servers aufruft.

App

Viele SmartHome Softwarehersteller fühlen sich durch die Marketingpower von Apple genötigt, zuerst eine Apple iOS-APP auf dem Markt zu bringen. Schnell kommt die Einsicht, dass wegen der stark unterschiedlichen Displaygröße für iPhone und iPad zwei verschiedene Apps angeboten werden müssen. Dann entdeckt man Android als das am weitesten verbreitete Betriebssystem für Smartphone und SmartPad und baut ebenfalls zwei Versionen. Eine weitere Motivation der Hersteller für Apps ist es, durch diese Downloadgebühren einzusammeln. Das ist bei einer reinen Browseranwendung nicht so einfach möglich.

BSC-BoSe

BSC bietet für seine Lösung BSC-BoSe eine gute App für Apple und Android an. Das Handy wird in einem sicheren Dialog am BoSe-System angelernt. BoSe stellt sicher, dass nur angemeldete Handys akzeptiert werden. Zudem ist die Verbindung selbst hoch verschlüsselt. Das ist eine sehr sichere Lösung, erfordert aber auch einen entsprechenden einmaligen Anmeldeprozess, und – wenn der Akku leer ist, hilft das Handy eines Kollegen gar nichts.

RWE SmartHome

Bei *RWE* gibt es App und Browser. Beide wählen sich in den Zentralrechner von RWE SmartHome ein. Dieser kontaktiert die RWE Zentraleinheit im Haus oder der Wohnung. Er kommuniziert hoch verschlüsselt und wehrt Hackversuche ab.

MyHomeCotrol

BootUp geht mit myHomeControl einen anderen Weg. Die Schweizer bieten eine reine Browserlösung. Der Zugriff auf den Webserver der SmartHome-Anwendung ist per Passwort geschützt. Man kann das System so einstellen, dass Zugriffe aus dem Internet das Passwort benötigen, Zugriffe aus dem eigenen lokalen Netzwerk jedoch nicht. Das bedeutet, wenn man mit seinem SmartTablet oder SmartPhone zuhause, bzw. innerhalb der WLAN-Reichweite den Webserver von myHomeControl aufruft, geschieht dies sofort und ohne weitere Sicherheitsabfragen. Die WLAN-Security muss als Sicherheit ausreichen. Erfolgt allerdings der Aufruf des myHomeControl-Webservers über das Internet, fragt die Software nach dem Passwort. In einem einfachen Dialog lässt sich festlegen, welche Sensoren, Aktoren, Kamerabilder und Melder dargestellt werden sollen und welche auf das Haus Einfluss nehmen dürfen.

IP-Symcon

IP-Symcon setzt auf Apps und bietet dem Installateur bzw. Systemhaus viele Möglichkeiten der Gestaltung.

KNX und LCN

Für **KNX und LCN** gibt es eine Reihe von App- und Browserlösungen, je nach Ergonomie- und Designanspruch.

Ob Browser oder App, für den Nutzer macht es eigentlich keinen Unterschied. Wichtig ist der Schutz vor unberechtigten Zugang durch Passwort und Verschlüsselung, ohne Gängelei der Nutzer. Wichtig ist auch, dass man innerhalb seines Gebäudes per WLAN kommunizieren kann, denn Mobilfunk / UMTS funktioniert drinnen nicht immer ausreichend gut. So wird aus der Fernbedienung schnell auch eine Nahbedienung.

Netzwerkplanung

Beim Neubau oder der Totalsanierung bietet sich die Chance, eine zukunftssichere Verkabelung einzuführen. Ist dies nicht möglich, müssen wir auf vorhandene Infrastrukturen zurückgreifen. Widmen wir uns jetzt den drei Netzwerken im Gebäude.

230V Stromnetz

Für das Stromnetz existieren unzählige Vorschriften, welche der Elektroplaner oder Installateur unbedingt beachten muss. Die Vorschriften sind ortsabhängig und für uns hier ohne Belang. Einige Grundsätze sollten Sie Ihrem Planer ins Auftragsbuch schreiben.

- Auch wenn Ihr Gebäude einen Keller haben sollte, der Hausanschlusskasten mit Sicherungen, FI-Schaltern und Schützen gehört dort nicht hin. Zu viele Keller sind durch gestiegenes Grundwasser und über die Ufer getretene Flüsse „abgesoffen". In diesen Fällen fällt der Strom sofort aus oder muss aus Sicherheitsgründen abgeschaltet werden. Meist findet sich ein anderer Technikraum. Überzeugen Sie den Elektriker, dort auch den Platz für die IP-Verkabelung vorzusehen. Hager und Rutenbeck sind zwei Anbieter, die diese Komponenten liefern und die der Elektriker kennt.

- Wenn Sie sich für eine Enocean-Lösung entscheiden, entfallen alle 230 Volt Leitungen zu den Licht- und Rolloschaltern, nicht jedoch zu den Leuchten, Rollomotoren und Steckdosen.

- Wenn Sie sich für LCN entscheiden, verlangen Sie die Verwendung der extra großen so genannten Elektronikdosen statt der normalen Leerdose. Das kostet nur ein paar Cent mehr, schafft aber Spielraum.

- Wenn Sie sich für EIB/KNX entscheiden, planen Sie bitte sehr sorgfältig. Verlassen Sie sich nicht nur auf den Handwerker. Er kann Ihre persönlichen Ideen nicht kennen. Bedenken Sie, dort wo kein grünes KNX-Kabel hinverlegt wurde, kann kein Schalter eingesetzt werden. Allerdings können Sie später mit Hilfe von Enocean-Sensoren und einen Enocean-KNX-Gateway nachrüsten.

- Sehen Sie mindestens immer eine Steckdose mehr vor, als sie benötigen.

- Lassen Sie Außensteckdosen, Außenlicht, Garagentorantrieb, etc. über einen eigenen Fehlerstromschalter(FI) absichern. Hat der Elektrorasenmäher einen Fehler, fällt dann nicht das gesamte Gebäude aus. Einbrecher versuchen Sicherheitseinrichtungen dadurch auszuschalten, indem sie an der Gartensteckdose einen Kurzschluss „bauen". Bei getrennten FI-Schaltern funktioniert das nicht.

- Machen Sie viele Fotos und dokumentieren Sie auf diese Art und Weise. Fotos kosten heute nichts mehr. Ich habe mir angewöhnt, dass ich bevor ich Kabel trenne den alten Zustand schnell mit dem Handy fotografiere. Falls ich zum alten Zustand zurück muss, habe ich einen wunderbaren Plan.

- Viele gute Tipps bietet auch Schaper's kleiner Ratgeber, den Sie hier downloaden können: http://tinyurl.com/bww5vvo

IP-Netzwerk

Das IP-Netzwerk ist das entscheidende Datennetzwerk im Gebäude. Sehen Sie für absolut jeden Raum zwei IP-Dosen vor. Die Leitungen – Kat6 oder Kat7 – gehen von einem zentralen Ort aus sternförmig in jeden Raum. Der Ursprungsraum sollte der Hausanschlussraum / Technikraum sein. Hier lassen sich die Kabel professionell an einem Patchfeld auflegen und sind geschützt. Moderne Schaltschränke verfügen über Halterungen für Router und Switches. Dies ist der ideale Platz für die Fritzbox, denn hier kommt auch das Telefon / ISDN / DSL-Kabel an.

Benötigen Sie am Anfang noch nicht in jedem Raum eine IP-Dose, weil es in der Küche noch nichts anzuschließen gibt, könnten Sie aus Kostengründen die Anschlussdose einsparen, keinesfalls aber das Kabel. Lassen Sie sich nicht zu einer Leerrohrlösung drängen. Leerrohr ist nicht wirklich billiger als Cat7 Kabel, denn die Kosten sind nicht das Material, sondern die Verlegung.

Im Falle einer Renovierung oder Nachrüstung haben Sie leider nicht die oben genannten Möglichkeiten. Gehen Sie nach folgender Regel vor:

Wenn Sie dauerhaft in einem Raum einen IP-Anschluss benötigen und kein Kupferkabel legen können, versuchen Sie es mit der Pastikfaser POF. Die Fasern sind nur 1,5mm dünn und unempfindlich. Sie lassen sich hinter der Fußbodenleiste, unter der Tapete oder unter der Auslegware verstecken. Die Firma Rutenbeck bietet hierfür sehr gute Lösungen. Können Sie keine dauerhafte Verkabelung installieren, ist PowerLine die richtige Wahl. Passende Geräte mit hoher Bandbreite und geringem Stromverbrauch bieten Devolo, Allnet und andere.

Suchen Sie sich einen guten Platz für den WLAN Access-Point, falls der meist im Router eingebaute nicht ausreichen sollte. Je nach Gebäude müssen Sie ein bisschen experimentieren. Die Anzahl und Beschaffenheit der Geschoßdecken und das Vorhandensein einer Fußbodenheizung wirken sich aus. Inzwischen gibt es gute und preiswerte WLAN-Repeater, welche sehr geeignet sind, „Funklöcher" zu füllen. Doch das WLAN ist nur für bewegliche Geräte gedacht, Notebooks, Netbooks, SmartPhones und Smart-Pads.

TV-Netzwerk

Das TV-Netzwerk besteht aus Koaxialkabel. Es sollte die beste am Markt erhältliche Dämpfung (in db) aufweisen und mindestens doppelt abgeschirmt sein. Als Sat-Kunde verteilen Sie die Signale sternförmig von einem Punkt in der Nähe der „Sat-Schüssel" aus. Von dem LNB in der Schüssel gelangt das Signal über mehrere parallele Leitungen zum so genannten Multischalter. Von dort aus sternförmig in jeden Raum, der für TV-Empfang in Frage kommt. Das sollte reichen, doch legen Sie eine weitere Koaxialleitung in den Hausanschlussraum. Sollten Sie später einmal auf Kabel-TV umsteigen wollen, wird hier das Kabel des TV-Providers ankommen. Hier wird dann auch das DOKSIS-Modem installiert, um schnellen Internetzugang über das TV-Kabelnetz zu erhalten. Und hier wird dann auch die Telefonie angeschlossen. Kabel-TV, IP-Telefonie über TV-Kabel und Internet über TV-Kabel wird gern auch als Triple-Play bezeichnet.

Als Kabel-TV Nutzer sollten Sie sich ein Türchen für den SAT-Empfang offen halten und die Koax-Infrastruktur genauso aufbauen, wie eben beschrieben.

Sollten Sie später einmal das Koaxialkabel-Netz nicht mehr benötigen, weil Sie über das IP-Netzwerk fernsehen, können Sie das Koax-Netz für die IP-Übertragung nutzen. Es gibt dafür passende Geräte der PowerLine-Geräte-Hersteller Devolo, Zyxel, Allnet und anderen.

Musterlösungen

Die hier vorgestellten Musterlösungen sollen in erster Linie als Anregung für Ihre Planung verstanden werden.

Neubau EFH

Mit dem Neubau haben Sie alle Möglichkeiten, doch was Sie jetzt versäumen, zahlen Sie später mehrfach.

Strom und Installation

Lassen Sie sich nicht überreden, den Anschlussraum in den Keller zu legen, es sei denn, Ihr Bauplatz ist jetzt und in der Zukunft Grund- und Hochwasser sicher. Trennen Sie unbedingt Stromkreise für innen und außen und sichern Sie diese unabhängig mit FI-Schaltern.

Ich rate Ihnen zu einer ISO/IEC 14543-3-10 Enocean basierten Installation. Die Aktoren für Licht lassen sich als kostensparende Mehrfachaktoren und Dimmaktoren im Schaltschrank unterbringen (z.B. Eltako). Von dort aus legt der Handwerker das (geschaltete) Kabel zur Beleuchtungsstelle oder Steckdose. Ich empfehle bei Doppelsteckdosen eine geschaltet und eine ungeschaltet auszuführen. Das schafft die Möglichkeit, bestimmte Verbraucher wie Fön, Wasserkocher oder PC unter Kontrolle der Gebäudesoftware vom Netz zu trennen. Dafür kann es verschiedene gute Gründe geben, die von Standby-Kosten-Vermeidung bis zu Brandschutz reichen. Betätigungselemente, also Schalter, Taster und Sensoren wie Bewegungsmelder, Temperaturfühler, Luftfeuchtemesser, CO-Sensor, Funk-Fenstergriffe, etc lassen sich problemlos und ohne Kabel installieren, nachdem das Haus eingerichtet ist. So vermeiden Sie, dass gerade da, wo ein Schalter an die Wand geschraubt wurde, ein Bücherregal aufgestellt werden soll.

SmartHome System

Als visualisierungs- und Verwaltungssoftware empfehle ich myHomeControl von BootUp. Als SmartHome-Rechner hat sich sowohl die MSI-Wind-Serie bewährt, als auch Touch-PCs verschiedener Hersteller. Das Touch-Ddisplay sollten Sie im Hausflur anbringen, denn dort kommt man vorbei, wenn man das Haus verlässt oder kommt, oder auch die Etage wechselt. Als Einbauort hat sich das Türblatt zur Abstellkammer bzw. Technikraum bewährt. Holz ist geduldiger als Stein. Sollten Sie in fünf Jahren einen größeren Bildschirm wünschen, lässt sich das mit einer guten Stichsäge regeln, notfalls mit einem neuen Türblatt. Eine Wand zu verändern, ist nicht ganz so simpel.

LAN

Legen Sie in absolut jeden Raum zwei LAN-Kabel, Cat 6 oder Cat 7. Dort wo Sie TV-Gerät, Sat-Receiver, etc geplant haben, sind auch vier Leitung angemessen. Wir können heute nicht vorhersehen, welche Anwendungen noch auf uns zukommen, deshalb vorsorgen. Vergessen Sie nicht die Küche, das Bad und Kellerräume. Besonders der Heizungs- und Waschkeller muss ins Netzwerk. Und ebenso die Garage. Ihr künftiges Elektromobil braucht den Netzwerkanschluss, um günstigen Strom zu tanken. Das Haus soll 50 Jahre oder länger aktuell sein. Lassen Sie auch eine Leitung zur Haustür legen. Vielleicht wollen Sie später die Tür elektrisch öffnen. Dazu benötigen Sie eine spezielle Antriebstechnik für die Riegel, damit die Tür auch tatsächlich (für die Versicherung wichtig) verschlossen werden kann. Überlegen Sie, wo Sie Überwachungskameras positionieren wollen. Am besten hoch genug, damit potentielle Einbrecher sie nicht einfach verdrehen oder abreißen können. Auch an diese Orte muss ein LAN-Kabel gelegt werden. Sie benötigen dort keinen Strom

(230Volt), denn die Versorgung der Kameras erfolgt über das LAN-Kabel (Power over Ethernet PoE). Achten Sie darauf, dass der ausführende Elektriker anschließend eine Messung durchführt und Ihnen das Messprotokoll übergibt. Mangelhafte Verlegung, beispielsweise Knicke im Kabel, führen dazu, dass zwar Strom durchkommt, hochfrequente Signale aber stark gedämpft werden. Das führt dann dazu, dass das betreffende Kabel eben keine 1.000 Mbit/s überträgt, sondern vielleicht nur 100 Mbit/s. So kommen leicht 50 Leitungen zusammen. Die müssen nicht alle gleich mit (teuren) Anschlussdosen versehen werden. Das kann später erfolgen, wenn der Anschluss benötigt wird. Eine Leerdose für wenige Cent reicht erst einmal aus.

TV und HiFi

Lassen Sie überall dorthin, wo Sie vermuten, dass Sie einmal ein TV-Gerät betreiben möchten, ein Koaxialkabel legen. Zum Haupt-TV-Gerät mindestens zwei. Einer zum Schauen und einer zum Aufnehmen. Die andere Seite der TV-Kabel führen Sie dorthin, wo die SAT-Schüssel installiert werden soll. Nutzen Sie SAT-Empfang, wird dort der Multiswitch installiert. Nutzen Sie keinen SAT-Empfang sondern Kabel, wird hier ein Kabel-Verteiler installiert. Dieser erhält seine Signale über ein Kabel aus dem Hausanschlussraum.

Um ein TV- oder HiFi-Gerät in die Gebäudeautomation einzubeziehen benutzen Sie den Infrarotsender IR-Trans. Er benötigt einen LAN-Netzwerkanschluss und eine 230 Volt-Steckdose für das Netzteil. Näheres finden Sie im entsprechenden Kapitel dieses Buches.

Umbau EFH

Bei Umbau oder einer Sanierung haben Sie viele Freiheitsgrade, was Planung und Realisierung angeht. Häuser, die vor oder kurz nach dem 2. Weltkrieg entstanden sind, haben viele Schwächen, aber häufig tolle Grundstücke. Bei den heutigen Energiepreisen lohnt sich der Austausch von Fenstern, die Dämmung der Geschoßdecke zum Dach und sicher auch die Dämmung der Außenwände. In aller Regel wird auch das Heizungssystem ausgetauscht. Anstelle von Radiatoren kommen neue Flächenheizkörper ins Haus oder gleich eine Fußbodenheizung. Meist entsprechen die Zimmergrößen nicht den heutigen Ansprüchen, also müssen Innenwände weichen. Und wenn wir einen Blick auf die Elektroinstallation werfen wissen wir, auch hier steht ein Totalaustausch an. Bei der Gelegenheit sollten Sie wie beim Neubau vorgehen. Offene Wände und Fußböden laden dazu ein, gleich ordentliche Kabel zu verlegen. Orientieren Sie sich am vorherigen Kapitel, dann machen Sie nichts falsch.

Sind die Umbaumaßnahmen allerdings geringer, haben Sie auch weniger Spielraum. Dazu in den folgenden Abschnitten mehr.

Heizung

Laut Verbraucherzentrale wird ca. ein Drittel der Energie, die ein deutscher Durchschnittshaushalt verbraucht, verheizt. Für Licht verwenden wir übrigens nur zwei Prozent. Also lassen Sie uns das Thema Heizung sorgfältig planen.

Fenster auf - Heizung aus

Wissenschaftliche Untersuchungen haben herausgefunden, dass sich in Deutschland rund ein Drittel der Heizkosten einsparen ließen, wenn vernünftig gelüftet würde. Leider sind die meisten Heizkörper direkt unterhalb von Fenstern angebracht. Ein gekipptes oder offenes Fenster führt dazu, dass ein Heizkörper seine ganze Energie einsetzt, zum Fenster hinaus zu heizen, es sei denn, er ist abgeschaltet, solange das Fenster geöffnet ist. „Fenster auf – Heizung aus" heißt die Parole. Da wir Menschen die aber irgendwie nicht auf die reihe bekommen, müssen wir uns von der Technik helfen lassen. Installieren Sie also unbedingt elektronische Heizkörperventile und intelligente Fenstergriffe bzw. Fenster-Magnetschalter. Nur bei geschlossenem Fenster wird der Heizkörper mit heißem Wasser versorgt. Näheres finden Sie in den entsprechenden Kapiteln in diesem Buch.

Einzelraum-Regelung

Die meisten Menschen möchten nicht die gleiche Temperatur im Wohnzimmer und im Schlafzimmer? Je nach Uhrzeit sollen einige Räume temperiert werden, andere sollen eher kühl sein und bei noch anderen ist es egal, Hauptsache es kostet keine Energie, die bezahlt werden muss. Die richtige Lösung heißt Einzelraumregelung ERR mit Zeitprofil. Die ERR ergänzt die geschilderte Fenster auf – Heizung aus Technik, indem die gleichen Heizkörper-Stellventile verwendet werden. Setzen Sie geeignete Software wie myHomeControl, RWE, Contronics, oder IP-Symcon ein, können Sie die gewünschten Zeitprofile erstellen. Als Ergebnis sparen Sie Heizkosten und gewinnen Komfort.

myHomeControl als Komfort-Steuerung

Die Schweizer Software myHomeControl bietet einige vorprogrammierte Blöcke an. Ihre Aufgabe reduziert sich darauf, die Enocean-Fenstergriffe, Magnetschalter, Heizkörperventile und Einzelraumregler per Mausklick einzulernen und mit diesen Blöcken zu verbinden. Zum Schluss geben Sie Ihre Sollwerte vor. Das ist alles.

Rollläden

Rollläden dienen nicht nur dazu, fremde Blicke abzuwehren. Sie halten auch die Sonnenstrahlen ab, wenn die Gefahr besteht, dass dadurch im Sommer ein Wohnraum unangenehm aufgeheizt wird. Sie halten aber auch nachts und im Winter die Wärme im Haus, wenn sie heruntergefahren sind. Rollläden sind damit ein wesentliches Regulativ zur Erzeugung eines angenehmen Wohnklimas. Eine manuelle Bedienung kann das nicht erreichen. Dazu müsste auch immer jemand „Rollo-Dienst" haben, um je nach Sonnenstand und Bewölkung unter Berücksichtigung von Außen- und Innentemperatur die Rollläden zu fahren. „Rollochef" sollte unser Home-Computer sein.

Steuerung per Enocean

Enocean Funkkomponenten eignen sich sowohl im Neubau, bei der Renovierung und bei der Nachrüstung. Die eigentlichen Aktoren lassen sich in den Schaltschrank, den Rollokasten oder in die Installationsdose einbauen, in der bisher der Hand-Schalter zuhause war. Letztere Lösung hat sich als sehr gut herausgestellt. Die Bewohner finden auch nach dem Umbau an der alten Stelle immer noch einen Schalter, auch wenn dieser nun funkt und damit die Funktionalität erheblich erweitert.

Zentralschalter

Ein Rollo-Zentralschalter hat einen echten Komfortwert. Zu jeder Zeit lassen sich damit alle zugeordneten Rollos hoch oder runter fahren. Diese Aufgabe kann natürlich auch ein Timer in unserer SmartHome Software übernehmen. Die kann natürlich noch viel mehr. Beispielsweise Anwesenheitssimulation. Durch das automatische Fahren der Rollläden wird ein bewohntes Haus dargestellt, also kein sicheres Einbruchsobjekt.

myHomeControl als Komfort-Steuerung

Mit Enocean und myHomeControl als SmartHome Software können wir mit den Rollos „zaubern". Sie stehen werktags um 06:30 auf? Am Wochenende um 08:45? Dann veranlassen Sie doch den Rolloblock von myHomeControl, dass genau zu dem Zeitpunkt die Rollos hochgefahren werden. Sie möchten, dass in Abhängigkeit des Sonnenlichts, die Rollos ganz herunterfahren? Auch kein Problem. Die Software errechnet für jeden Tag den Sonnenauf- und Untergangszeitpunkt. Sonnenuntergang + 15 Minuten ist doch ein schöner Wert, den Sie selbstverständlich selbst ändern können. Aber es geht noch mehr: Wenn Sie beispielsweise im Garten Bewegungsmelder als Einbruchsschutz installiert haben nutzen Sie diese doch, um bei Annäherung von

Gefahr die Rollläden herunterzufahren. Befindet sich allerdings ein Eindringling im Haus, oder besteht Brandgefahr, fährt die Software alle Rollläden sofort hoch. Nur so kann die Polizei und die Feuerwehr hinein und Sie hinaus. Denn gerade bei Feuer wird irgendwann durch Kurzschluss der Strom ausfallen. Dann muss der Fluchtweg frei sein. Die Automatik hilft Ihnen, das Leben zu retten.

Der „Beschattungsblock" von myHomeControl kann aber noch mehr. Bei der Einrichtung möchte er wissen, wo die Fenster am Boden anfangen, wo sie enden, wie groß der Dachüberstand ist und welche Ausrichtung der Himmelsrichtung sie haben. Aus diesen Werten errechnet sich exakt für jeden Platz auf der Erde und für jede Minute eines Tages der Stand der Sonne. Besteht die Gefahr, dass sich ein Wohnraum aufheizt – dass Innenthermometer signalisiert dies – fährt das Programm das Rollo in die so genannte Beschattungsposition. Um noch genauer zu sein, berücksichtigt der Block auch die Außenhelligkeit und die Außentemperatur. Programmieren müssen Sie dazu nicht, nur Sensoren anlernen und per Mausklick an den vorbereiteten Beschattungsblock anschließen.

Licht

Licht ist Atmosphäre und bietet Sicherheit. Letzteres sollten wir nicht unterschätzen. Licht vertreibt „lichtscheues Gesindel", es hilft aber auch bei Dunkelheit die Stufe zu finden, um nicht zu stürzen. Auch wenn wir laut Statistik der Verbraucherzentrale nur ca. zwei Prozent unseres Energiebudget für Licht ausgeben, sollten wir sorgsam damit umgehen.

Das Auto als Vergleich

Jedes noch so billige Auto schaltet das Innenraumlicht ein, wenn die Autotür geöffnet wird. Teurere machen das Licht bereits an, wenn per Fernbedienung die Tür entriegelt wird. Per Keyless-Go reicht allein die Annäherung an das Fahrzeug, um die Tür zu entriegeln und das Innenlicht einzuschalten. Bei vielen Autos ist es inzwischen selbstverständlich, dass nach dem Verschließen der Fahrertür die Scheinwerfer den sicheren beleuchteten Weg zur Haustür weisen. Diesen Komfort wollen wir zuhause auch.

Eine einfache Regel: Licht soll leuchten, wenn es dunkel ist und zwar dort, wo Menschen sind. Das leisten bereits einfache Bewegungsmelder aus dem Baumarkt. Sie schalten Licht ein und nach einer voreingestellten Zeit wieder aus. Das ist prima, wenn man mit vollen Händen vom Einkaufen kommt und es im Hauswirtschaftsraum dunkel ist. Das ist auch toll im Garten und in der Einfahrt. Kommt jemand in das Erfassungsfeld der Sensoren, schaltet sich das Licht ein. Mehr allerdings auch nicht. Würden wir vernetzte Sensoren verwenden, könnten wir entscheiden, was passieren soll, wenn jemand den Überwachungsbereich eines Sensors betritt. Volles Licht, nachts gedimmtes Licht, bei Abwesenheit Alarm auf Handy oder die Aufzeichnung eines Videos. Für etwas mehr Geld erhalten wir viele Optionen.

Erfahrung

Ich setze im Heizungskeller, Waschküche, Vorratskeller, Treppenhaus und Flur auf Indoor-Bewegungsmelder von Eltako, weil diese auch gleichzeitig die Helligkeit messen. Zu „Friedenszeiten" schalten sie das Licht ein, falls es die Helligkeit erfordert. Wird mein Haus auf „Abwesenheit" geschaltet, senden die Bewegungsmelder eine E-Mail auf die Handys der Familienangehörigen, wenn trotz Abwesenheit eine Bewegung erkannt wird.. Gleichzeitig nehmen die Außenkameras (ich habe derzeit keine Innenkameras) für über eine Stunde Video auf. Das Video kann ich live am PC oder Handy sehen und dann entscheiden, ob ich die 110 wählen muss. Nach 23:30 sorgen die Bewegungsmelder bei Anwesenheit dafür, dass zugeordnete Leuchten auf 40 Prozent gedimmt eingeschaltet werden.

Die Außenbeleuchtung habe ich überwiegend auf LED umgestellt. Halogeneinbaustrahler (30 Watt) wurden durch Retrofit LED Strahler ersetzt (2 Watt). Mit vier LEDs = 8 Watt erleuchte ich Einfahrt und Carport perfekt und das die ganze Nacht. Sie werden eine Stunde nach Sonnenuntergang eingeschaltet und eine Stunde vor Sonnenaufgang ausgeschaltet.

Bei zwölf Stunden am Tag sind das 12 Stunden X 365 Tage X 8 Watt = 35.040 Wattstunden / 1.000 = 35,04 kWh X € 0,27 kWh Preis = €9,46 pro Jahr. Was soll da ein Bewegungsmelder oder zusätzlicher Dämmerungsschalter?

Als Gartenstrahler verwende ich einen 250 Watt Halogenstab. Bei maximal zwei Stunden Betrieb pro Jahr lohnt die Investition in einen gleich lichtstarken LED-Strahler nicht. Aber wenn der Strahler einmal defekt sein sollte, wird ein LED-Strahler angeschafft.

Retrofit-Power-LED Strahler ersetzen Halogen-Strahler. Sie verbrauchen weniger Strom und halten sehr viel länger

myHomeControl als Komfort-Steuerung

Auch das Licht lässt sich mit myHomeControl sehr einfach steuern. Taster, Bewegungsmelder, Fernbedienungen, Timer, Sonnenaufgang und Untergang, Lichtsensoren, alle diese Geräte lassen sich auswerten, um im und um das Haus eine perfekte, an die Situation und Außenlicht angepasste Beleuchtung zu realisieren. myHomeControl verfügt dafür über so genannte Lichtszenenblöcke und auch einen interessante Möglichkeit für Konstantlicht. Beim Konstantlicht wird die Lichtstärke an einem bestimmten Ort kontinuierlich gemessen und mit einer Sollvorgabe, beispielsweise aus der Arbeitsstättenverordnung, verglichen. Ist es an diesem Ort zu dunkel, wird die erforderliche Lichtmenge per Kunstlicht dazu gedimmt. Dies ist optimal für Bügelzimmer, Werkstätten und Büros.

Die Logik für ein Zeitabhängiges Dimmen mit Enocean-Komponenten finden Sie im Anhang.

Software-Alarmanlage

Wenn Sie schon in Sensoren und einen SmartHome Rechner und Software investiert haben, sehen Sie am besten auch gleich eine Alarmanlage vor. Die kostet Sie nichts extra. Alarmanlage ist ein großes Wort. Das was wir hier aufbauen, entspricht nicht dem Standard der VdS-geprüften Anlagen, alarmiert aber trotzdem im Falle des Falles zuverlässig.

Sie schützen die Schwachstellen der Außenhaut des Gebäudes, also Türen und Fenster durch Fensterkontakte bzw. Griffe und Türkontakte. Zusätzlich lassen sich außen angebrachte Bewegungsmelder einbeziehen. Doch Vorsicht, auch Nachbars Katze löst u.U. einen Bewegungsalarm aus.

Haben Sie außen auch Kameras installiert, binden Sie diese als Bildgeber mit ein, nicht als Bewegungsmelder, auch wenn die Kamerahersteller dies anbieten. Oder Sie nehmen sich viel Zeit, um die Alarmfenster und die Bewegungsintensität fein zu justieren. Kameras reagieren auf Pixeländerungen im Bild. Eine Wolke reicht aus, das Bild zu verändern und Alarm auszulösen oder ein Insekt vor der Optik.

Wenn Sie auch den Innenraum sichern wollen, benötigen Sie dort auswertbare Bewegungsmelder. Es lohnt sicherlich auch, Brandmelder / Rauchmelder mit Schnittstelle in die Software-Alarmanlage zu übernehmen.

Alarmanlage Scharf und Unscharf machen

Zum Schärfen bzw. Aktivieren der Alarmanlage eignet sich jeder Taster / Sensor. Bewährt hat sich der Kartenschalter, wie Sie ihn aus den meisten Hotels kennen. Ist die Karte gezogen, läuft eine Timer ab und nach einer Minute ist die Softwarealarmanlage aktiv. Alle dafür eingerichteten Sensoren führen nun zum geplanten Ablauf aus SMS/E-Mail, Licht, Lärm und Rollosteuerung. Wird ein Alarm erkannt, sollte nicht gleich der ganz große Zauber beginnen. Wie wollen Sie sonst zur Tür hinein kommen ohne selbst Alarm auszulösen? Geben Sie sich über einen Timer 30 Sekunden Zeit, die Karte zu stecken, oder am Touch-Display eine PIN einzugeben.

Nachrüstung einer Mietwohnung

Die Ausstattung eines Mietobjektes durch den Mieter ist etwas Besonderes. Alles was eingebaut wird, sollte bei einem Umzug nicht in der Wohnung verbleiben müssen. Der Vermieter kann verlangen, dass der ursprüngliche Zustand beim Auszug wieder hergestellt wird. Geeignet sind deshalb alle Enocean- und RWE SmartHome-Produkte.

Elektroinstallation

Die Elektroinstallation ist tabu. Ohne den Vermieter geht hier nichts! Doch auch so lässt sich eine Menge verbessern.

IP-Netzwerk / LAN

Als Internetzugang steht Ihnen in der Mietwohnung DSL über das Telefonnetz, Breitband über das Kabel-Modem und ein drahtloser Internetzugang per UMTS oder LTE zur Verfügung. Konsultieren Sie bitte die entsprechenden Kapitel bei der Entscheidung, welches Angebot für Sie das Richtige ist. Es soll uns hier aber darum gehen, die einzelnen Geräte wie PC, Settopbox, TV-Gerät, Spielkonsole mit dem Internet zu verbinden. Der schnellste Weg ist es, das Stromnetzwerk zu verwenden und die einzelnen Geräte per PowerLine (dLan) zu vernetzen. Alternativ bietet sich die Plastikfaser POF an. Sie kann bei Tapezieren unter der Tapete, der Fußbodenleiste oder dem Teppich versteckt werden. POF ist preiswert und sicher. WLAN dient nur zur Verbindung mit mobilen Geräten, also Smartphone, Tablett und Laptop.

Heizung

Heizkosten lassen sich im erheblichen Umfang einsparen, wenn wir die in diesem Buch schon mehrfach beschriebene Lösung „Fenster aus – Heizkörper aus" realisieren. Sowohl die Hoppe-Funk-Fenstergriffe, Magnetschalter und Heizkörper-ventile lassen sich gefahrlos austauschen. Beim Umzug können Sie in kurzer Zeit Fenstergriffe und Ventile rückbauen. Magnetschalter lassen sich mit einem Teppichmesser entfernen, ohne den Fensterrahmen oder den Sensor zu beschädigen. Die Sensoren sollen schließlich in der neuen Wohnung oder dem eigenen Haus wieder verwendet werden. Raumthermostate der Einzelraumregelung werden mit einem speziellen doppelseitigen Klebeband an die Wand geklebt und lassen sich wenn gewünscht leicht entfernen.

Licht

Die einfachste Lösung ist die Verwendung von so genannten Zwischensteckern. Diese werden in die Schuko-Steckdose gesteckt. Der Leutenstecker wird dann in den Zwischenstecker gesteckt. Ein Eingriff in die Elektroinstallation ist nicht nötig. Zwischenstecker gibt es mit und ohne Dimmfunktion. Enocean bietet einen Baldachin-Aktor. Er ist so aufgebaut, dass er an der Decke im Leuchtenbaldachin montiert werden kann. Auch er lässt sich bei Bedarf zusammen mit der Lampe leicht entfernen.

Bewegungsmelder

Enocean Bewegungsmelder von PEHA und Eltako nutzen die Sonne zur Erzeugung ihrer Betriebsspannung. Sie sind deshalb überall per Klebefolie montierbar und leicht zu entfernen.

Beschattung

Die intelligente Steuerung von Rollläden und Markisen in der Mietwohnung setzt in der Regel voraus, dass diese bereits elektrisch betrieben werden. Falls nicht, müssen Sie mit dem Eigentümer reden. Denn die nachträgliche Elektrifizierung von Rollos ist ein erheblicher Eingriff in die Wohnung.

Sollten Ihre Wohnung elektrische Rollos haben, lassen sich eigentlich alle smarten Beschattungsfunktionen einrichten. Allerdings muss an 230 Volt gearbeitet werden. Das ist dem Fachmann vorbehalten. Auch in diesem Falle sollten Sie mit dem Vermieter reden und sich bestätigen lassen, dass sie diese Änderung durchführen dürfen. Beim Auszug lassen sich die Rolloaktoren vom Fachmann wieder ausbauen und gegen die alten Schalter ersetzen.

SmartHome Rechner und Visualisierung

Der SmartHome-Rechner kann in der Mietwohnung nicht einfach in eine Zimmertür eingebaut werden. Er kann aber z.B. im Flur auf eine Konsole gestellt werden. Der hier dargestellte All-in-one Touch-PC erfüllt dafür alle Voraussetzungen. Auch ohne Maus und Tastatur visualisiert er die Sensoren und Aktoren der Wohnung, Seit einiger Zeit gibt es Tür-Spion-Kameras. Sie werden anstelle des Türspions eingebaut. Das Bild ist dann auf dem Bildschirm zu sehen. Das hat entscheidende Vorteile: Wenn Sie an die Tür treten müssen, um durch den Spion zu sehen, hört der Gegenüber ganz sicher, dass Sie da sind. Darüber hinaus lassen sich die Bilder der Kamera aufzeichnen. Sie können sich also später ansehen, wer in Ihrer Abwesenheit an der Tür war. Beachten Sie in diesem Zusammenhang die Persönlichkeitsrechte anderer. Heimliche Videoaufnahmen sind nicht gestattet.

Altersgerechtes Bauen und Wohnen

Altersgerechtes Bauen bedeutet nicht Alten-gerechtes Bauen. Unter Altersgerecht sind alle Altersgruppen einbezogen. Die einzelnen Maßnahmen sind gar nicht so unterschiedlich. Dort wo ein Rollator Platz hat, kann auch ein Kinderwagen abgestellt werden. Eine Rampe an der Treppe hilft dem Rollator. Und Rollstuhlfahrer und der Mutter mit Kinderkarre gleichermaßen. Ebenso ein Aufzug. Türen kann man bereits in der Planung so auslegen, dass ein Rollstuhl hindurchfahren kann und Bäder lassen sich so planen, dass Rollstuhlfahrer sich darin nicht festfahren können. So sollte beispielsweise die Tür von WC und Bad nach außen aufgehen und nicht nach innen.

Altersgerechtes Bauen bedeutet aber auch, dass Lichtschalter für Kinder erreichbar sind. Dank Funktechnik und Klebemontage können sie nun quasi mitwachsen. Licht ist ein besonderes Thema. Ältere Menschen benötigen mehr Licht, als jüngere. Wenn aus dem ehemaligen Kinderzimmer ein Seniorenzimmer wird, muss daran gedacht werden. Wer Schwierigkeiten mit dem Aufstehen hat, wünscht sich einen zusätzlichen Schalter am Bett. Wer vergesslich wird, braucht Hilfen. Es gibt gut funktionierende Herdüberwachungen. Wird es am Herd zu heiß, weil schlicht vergessen wurde, dass ein Topf mit Kartoffeln darauf steht und das Wasser inzwischen verkocht ist, erkennt das eine Sensorik und schaltet den Herd ab. Sicher ist sicher. SmartHome Technik erlaubt es, einzelne Steckdosen gezielt auszuschalten. So lassen sich beim Verlassen der Wohnung bestimmte Verbraucher und Steckdosen stromlos schalten. Gute Hilfe leistet der aus Hotels bekannte Kartenschalter.

Bettlägerige klagen oft darüber, dass ihr Zimmer von der Sonne unangenehm aufgeheizt wird und sie nichts daran ändern können, obwohl es sogar elektrische Rollläden gibt. Hier hilft eine Automatik oder Fernbedienung am Bett, die Lebensqualität deutlich zu verbessern.

Security Kameras helfen in jedem Alter. Jeder möchte wissen, wer vor der Tür steht, bevor man sie öffnet. Ist man in der Bewegung eingeschränkt, hilft es sehr, das Kamerabild von der Tür auf dem TV-Bildschirm zu sehen, mit dem Besucher zu kommunizieren und gegebenenfalls die Tür per Fernbedienung zu öffnen. Denn Paketboten sind heute schneller wieder unter Zurücklassung einer Karte „Wir haben Sie nicht angetroffen" weg, als man zur Tür eilen kann.

In einem Alten-WG Center haben wir Kameras in der Tiefgarage, an der Eingangstür und am Kräutergärtchen eingebaut. Alle Bewohner können den Lifestream dieser drei Kameras jederzeit über ihr TV-Gerät sehen. Die Bewohner freuen sich, dass sie sehen können, wenn die Kinder in die Tiefgarage fahren. Man schaut, wer auf der Bank im Kräutergarten sitzt und geht dann auch dorthin und man sieht, wer sich vor der Eingangstür aufhält. Das schafft ein Gefühl der Sicherheit. Zusätzlich sind alle Kellergänge, fensterlose Räume, Treppenhäuser und Flure durchgehend per LED beleuchtet.

Verbände, die KfW und das Bundesministerium für Wohnungsbau halten eine Menge von guten Hinweisen und Regeln im Internet und gedruckt bereit.

buergerinfo@bmvbs.bund.de

per Fax: +49 30 18300 - 1942

per Bürgertelefon: +49 30 18300 - 3060

Anhang

A Logik für das zeitabhängige Dimmen

Beispiel Logik „Nachts gedämpftes Licht"

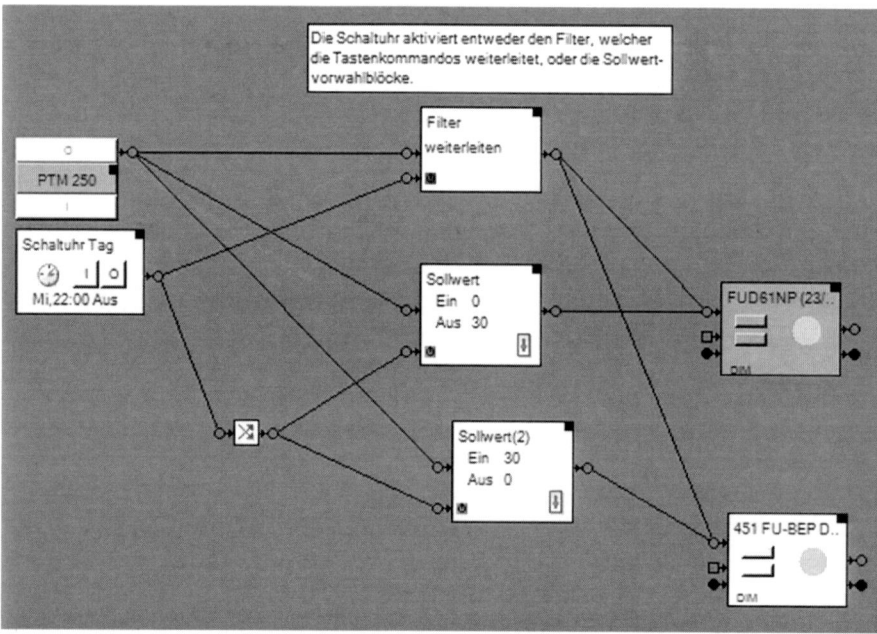

Verwendet werden Enocean-Dimmer von PEHA oder Eltako.

Als Lichtschalter fungiert der PTM 250. Die Schaltuhr entscheidet, ob der Schaltimpuls direkt über den Filter zum Dimmaktor geleitet wird, oder den Sollwertgeber auslöst. Dieser ist in unserem Beispiel auf 3 Prozent eingestellt.

Das Schaubild enthält die Logik für Aktoren von PEHA (451 FU...) und Eltako (FUD51...). Zum Einsatz kommt je nach Geschmack das Eine oder das Andere.

B Interessante Linkadressen

SmartHome Initiative Deutschland
www.smarthome-deutschland.de
SamrtHome Paderborn ausprobieren
http://87.245.2.218/index.php?configuratorID=15868
Familie testet SmartHome Paderborn
http://www.smarthome-deutschland.de/downloads
Förderverein Lebensgerechtes Wohnen OWL e.V.
http://www.lebensgerechtes-wohnen.de/
Baumedienzentrum Düren
http://www.bau-medien-zentrum.de/PrInFoO/index.php
Vernetzt Leben - TSB INNOVATIONSAGENTUR BERLIN
http://www.vernetztleben.de/
Fachwissen Elektrotechnik
http://www.e-volution.de/auszubildende/fachwissen-elektrotechnik/143.htm
Grundlager Computernetze
http://www.netzmafia.de/skripten/netze/index.html
Video vom Bill Gates House
http://www.youtube.com/watch?v=3RTu8f9CrvI&feature=related
Haus der Gegenwart
http://www.haus-der-gegenwart.de/
Plural Media Home Network Service
http://www.pluralmedia.de/
Das intelligente Haus mit der Maus
http://www.youtube.com/watch?v=LkChVTfLcHU
Video „Danke SmartHome"
http://www.youtube.com/watch?v=RAQHT1KniX8
Schaper's kleiner Ratgeber für die Elektroinstallation:
http://tinyurl.com/bww5vvo

C Lieferantennachweise

Software

Die folgenden Unternehmen verfügen über eigene SmartHome bzw. Gebäudeautomationssoftware.

IP-Symcon GmbH
Westhoffstraße 61, D-23554 Lübeck
Telefon: 0 4504 / 715166, Telefax: 0 4504 / 78764
info@ip-symcon.de

BSC Computer GmbH
Ringstrasse 5, 35108 Allendorf / Battenfeld
info@embedded-intelligence.de

BootUp GmbH
Sonnenbergstrasse 23
CH-5236 Remigen, Switzerland
Tel: Peter Hartmann +41 56 284 09 21
Tel: Andreas Richiger +41 56 284 09 23
info@bootup.chContronics

b.a.b-technologie Gmbh
Rosemeyerstraße 14, 44139 Dortmund
Tel.Nr.: 0 231- 476 425-30, Fax.Nr.: 0 231- 476 425-59
info@bab-tec.de
www.bab-tec.de

contronics GmbH Automationssysteme
Schoellerhof 1, 52399 Merzenich
02275 / 9196-44
E-Mail: office@contronics.de

Kaasa Home Automation GmbH
Zollhof 13, 40221 Düsseldorf
Tel:0 211 730635 0, Fax:0 211 730635 77
info@kaasahome.com
www.kaasahome.com

ROCKETHOME GmbH
Pohligstraße 3, 50969 Köln
T 0221/ 888955-0, F 0221/ 888955-99
info@rockethome.de
www.rockethome.de

net4home GmbH
Max-von-Laue Weg 19, D-38448 Wolfsburg
http://www.net4home.de/

myDATA GmbH
Hauptstraße 73, 35428 Langgöns-Oberkleen
Tel: 0 64 47 - 88 62 0, Fax: 0 64 47 - 88 62 20
info@mydata-it.de
www.mydata-it.de

Q-SOFT GmbH
Heinrich-Credner-Straße 5, 99087 Erfurt
Fon   0 361 7 78 51-0, Fax   0 361 7 78 51-11
www.q-soft.de
q-soft@q-soft.de

Akktor GmbH
Hagenstraße 13, 14193 Berlin
Fon   030 288 309 63, Fax   030 288 309 64

Handwerker / Realisierer

Firmen, die Ihnen bei der Planung und Realisierung helfen, finden Sie unter
http://www.smarthome-deutschland.de/products

Hier selektieren Sie die Techniken, die Sie suchen und schränken die Sucher per Postleitzahl ein. Die gelisteten Firmen werden von der SmartHome Initiative Deutschland jährlich zertifiziert.

Hersteller / Anbieter von Hardware

LCN
ISSENDORFF KG
Wellweg 93, 31157 Sarstedt (Werk1)
Telefon: 05066 - 998-0, Telefax: 05066 - 998 899
www.LCN.de, www.LCN.eu
planung@LCN.de

Enocean
Die Liste der Anbieter ist zu lang für dieses Buch. Sie können sie aber online einsehen: http://www.enocean-alliance.org/de/hiererhaeltlich/

EIB / KNX
Die Liste der Anbieter ist zu lang für dieses Buch. Sie finden die Liste hier online: http://www.eib-home.de/instabus_eib_download_frame.htm

RWE SmartHome
Alle Infos finden Sie unter www.rwe-smarthome.de
SPS

Beckhoff Automation GmbH
Eiserstraße 5, 33415 Verl
Tel: 052 46 / 9 63 – 0, Fax: 052 46 / 9 63 - 1 98
info@beckhoff.de
www.beckhoff.de

WAGO Kontakttechnik GmbH & Co. KG
Hansastr. 27, 32423 Minden
Telefon: 0571/887-0, Fax: 0571/887-169
E-Mail: info@wago.com

Router und Netzwerkausrüstung
ALLNET GmbH
Maistr. 2, 82110 Germering
Tel.: 089 / 89422294, Fax: 089 / 89422213
info@ALLNET.de
www.allnet.de

AVM Computersysteme Vertriebs GmbH
Alt-Moabit 95 , 10559 Berlin
Tel. 030-399 76-0 , Fax 030-399 76-299
info@avm.de

devolo AG
Charlottenburger Allee 60, D-52068 Aachen
Tel: 0 241 18279-0, Fax: 0 241 18279-999
info@devolo.de
www.devolo.de

D-Link
Schwalbacher Straße 74, D-65760 Eschborn
Tel: 06196 / 77 99 0, Fax: 06196 / 77 99 300
www.dlink.de

ZyXEL Deutschland GmbH
Adenauerstr. 20/B2, 52146 Würselen
Tel.: 0 2405-6909 0, Fax: 0 2405-6909 99
sales@zyxel.de
www.zyxel.de